AF568628

Johann Brandstetter, Elke Zippel

Wie Schmetterlinge leben

NATUR

Johann Brandstetter

Elke Zippel

Wie Schmetterlinge leben

Wundersame Verwandlungen, raffinierte Täuschungen und prächtige Farbspiele

Haupt Verlag

Johann Brandstetter, Künstler und Illustrator, wurde schon mehrfach für seine Werke ausgezeichnet. Seit 2014 zählt er zu den «200 Best Illustrators Worldwide». Er ist spezialisiert auf Naturthemen. Schmetterlingen gilt sein besonderes Interesse – einige Schmetterlinge wurden nach ihm benannt. Das 2017 gemeinsam mit Josef H. Reichholf herausgegebene Werk «Symbiosen» wurde von *Bild der Wissenschaft* zum «Schönsten Wissensbuch 2017» ernannt.

Elke Zippel ist Kustodin der Dahlemer Saatgutbank am Botanischen Garten Berlin. Sie ist unter anderem für die Sammlung und Sicherung von Wildpflanzensamen sowie für Wiederansiedlungen seltener Pflanzenarten verantwortlich. Elke Zippel studierte an der Freien Universität Berlin Biologie mit den Schwerpunkten systematische Botanik und Zoologie, Geobotanik und Ökologie und promovierte anschließend über Moose der Kanarischen Lorbeerwälder.

Umschlagabbildungen
Vorne und hinten: Schillerfalter im Lebensraum Auwald
Rücken: Apollo *(Parnassius apollo)*

Der Haupt Verlag wird vom Bundesamt für Kultur
mit einem Strukturbeitrag für die Jahre 2016–2020 unterstützt.

1. Auflage: 2019

Diese Publikation ist in der Deutschen Nationalbibliografie verzeichnet.
Mehr Informationen dazu finden Sie unter http://dnb.dnb.de.

ISBN 978-3-258-08143-4

Sämtliche Illustrationen von Johann Brandstetter
Lektorat: Claudia Huber, D-Erfurt
Gestaltung und Satz: pooldesign, CH-Zürich

Printed in Germany

Wünschen Sie regelmäßig Informationen über unsere neuen Titel im Bereich Garten und Natur? Möchten Sie uns zu einem Buch ein Feedback geben? Haben Sie Anregungen für unser Programm? Dann besuchen Sie uns im Internet auf **www.haupt.ch**. Dort finden Sie aktuelle Informationen zu unseren Neuerscheinungen und können unseren Newsletter abonnieren.

INHALT

VORWORT

Schmetterlinge sind wunderbare, oft schillernd schöne Insekten, die von vielen Menschen wegen ihrer Farbenpracht und der frohen Leichtigkeit ihres Flugs bewundert werden. Gleichzeitig sind viele Schmetterlingsarten auch bedroht und brauchen dringend unseren Schutz.

Weil die wenigsten Genaueres über sie wissen und nur ein paar Spezialisten sich mit den Bedürfnissen von Schmetterlingen beschäftigt haben, bleibt den meisten von uns ihr geheimes Leben verborgen. Das gilt besonders für die Nachtfalter, von denen es rund zehnmal so viele gibt wie von den tagaktiven «Blütengauklern». Wem ist schon bewusst, dass manche Raupen sich so sehr auf eine bestimmte Pflanze spezialisiert haben, dass sie lieber verhungern, als die «falsche» Pflanze zu fressen? Wer weiß, warum Schmetterlinge im Hochgebirge oft ungewöhnlich dunkel gefärbt sind oder dass es Raupen gibt, die im Wasser leben? Jede einzelne Schmetterlingsart wartet mit einer individuellen Besonderheit auf, die ihr Überleben sichert.

Schmetterlinge gehören zu unserem Leben. Sie dienen nicht nur als Blütenbestäuber oder Futterquelle für unsere Singvögel. Sie stehen für Leichtigkeit und Verwandlung, seit Jahrtausenden und in allen Kulturen sind sie wegen ihres speziellen Lebenszyklus auch ein Symbol für die Metamorphosen von Geist und Seele. Wir sollten sie schützen, damit wir uns weiterhin erfreuen können am Zitronenfalter, der uns beim Frühlingsspaziergang begegnet, oder am Schwalbenschwanz, der über eine duftende Sommerwiese schwebt.

Mich fesselt das Leben der Schmetterlinge seit meiner frühesten Jugend. Meine Beobachtungen halte ich seit dieser Zeit in Skizzen fest, ähnlich einem Forscher, der seine wissenschaftlichen Beobachtungen dokumentiert. Dabei interessiert mich nicht nur der einzelne Schmetterling, der als zartes, farbenfrohes Wunder vor meiner Nase flattert. Vielmehr tauche ich zunehmend in die vielfältigen Zusammenhänge und Vernetzungen seines gesamten Lebensraumes ein: Welche Pflanzen sind für ihn in seinen verschiedenen Entwicklungsstadien wichtig? Was kennzeichnet ihn als Falter und was als Raupe? Welche abiotischen Faktoren spielen für ihn eine Rolle? Oder welche Feinde bedrohen ihn? Jeder Falter benötigt einen ganz bestimmten, individuell auf ihn zugeschnittenen Lebensraum: Hanglage, Waldrand, Ufernähe ..., jede Art kann nur im fein justierten Zusammenspiel aus unterschiedlichen Biofaktoren überleben. Schnell ist klar: Nur unter der Voraussetzung, dass bestimmte, komplexe Parameter zusammenpassen, kann der Schmetterling überleben. Das macht effektiven Schmetterlingsschutz zu einer komplexen und anspruchsvollen Aufgabe.

All das baut sich vor meinem geistigen Auge auf, und ich setze diese Beobachtungen bildhaft um – als Ganzes, ich nehme den gesamten Mikrokosmos um den Schmetterling herum in den Blick … Mit meinen Arbeiten möchte ich den Zauber dieser faszinierenden und schützenswerten Tiere genauso wiedergeben. Im Laufe der Zeit habe ich einen kleinen Ausschnitt der Ordnung der Schmetterlinge, die rund 175 000 bisher bekannte Arten umfassst, zusammengetragen. Gemeinsam mit Elke Zippel, die dem geheimen Leben der abgebildeten Arten in den Texten nachgegangen ist und hier und da einen Blick auf weiterführende Zusammenhänge wirft, hoffe ich, dass sich unsere Neugier und unsere Begeisterung auf die Leserschaft übertragen.

Johann Brandstetter

Schmetterlinge und ihre Lebensräume

Colias erate ♂
Hipparchia statilinus
Hesperia comma ♂
Plebeius argus ♂
♀

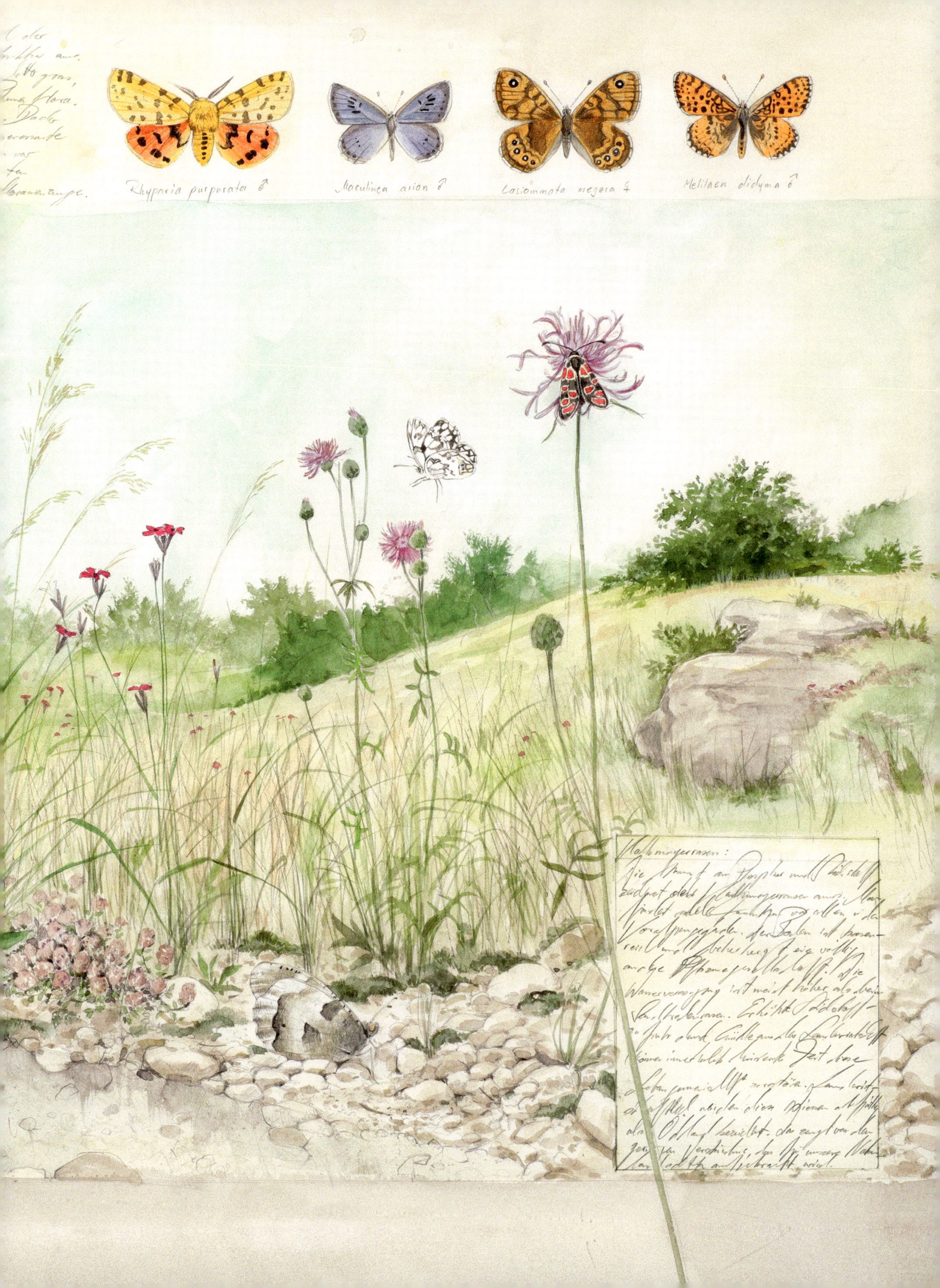

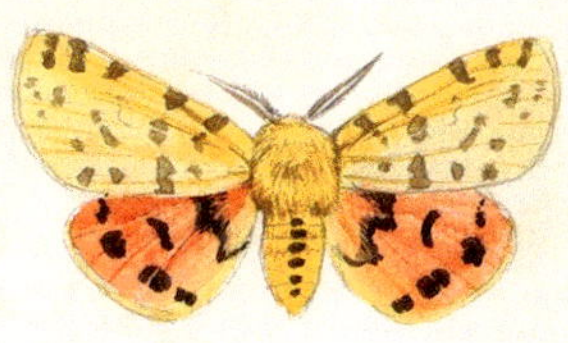

Rhyparia purpurata ♂
Maculinea arion ♂
Lasiommata megera ♀
Melitaea didyma ♂
Kalkmagerrasen:

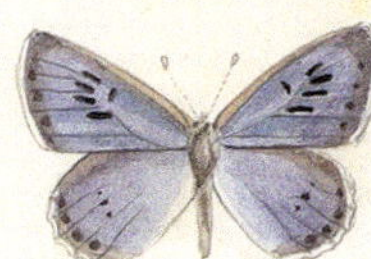

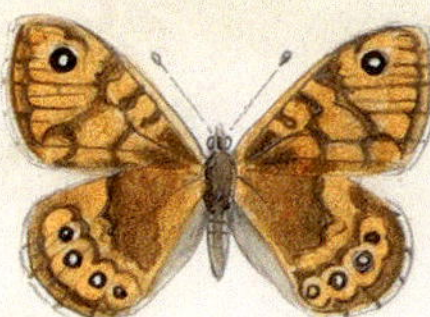

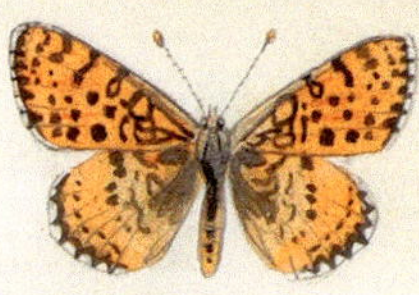

Karger Boden, bunte Vielfalt – Lebensraum Magerrasen

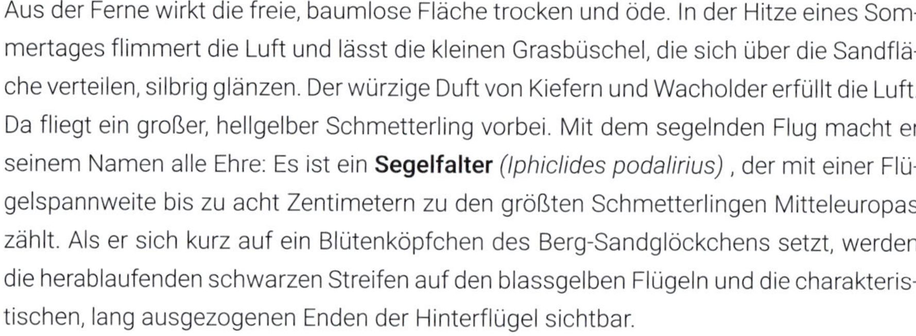

Aus der Ferne wirkt die freie, baumlose Fläche trocken und öde. In der Hitze eines Sommertages flimmert die Luft und lässt die kleinen Grasbüschel, die sich über die Sandfläche verteilen, silbrig glänzen. Der würzige Duft von Kiefern und Wacholder erfüllt die Luft. Da fliegt ein großer, hellgelber Schmetterling vorbei. Mit dem segelnden Flug macht er seinem Namen alle Ehre: Es ist ein **Segelfalter** *(Iphiclides podalirius)* , der mit einer Flügelspannweite bis zu acht Zentimetern zu den größten Schmetterlingen Mitteleuropas zählt. Als er sich kurz auf ein Blütenköpfchen des Berg-Sandglöckchens setzt, werden die herablaufenden schwarzen Streifen auf den blassgelben Flügeln und die charakteristischen, lang ausgezogenen Enden der Hinterflügel sichtbar.

Scheck-Tageule

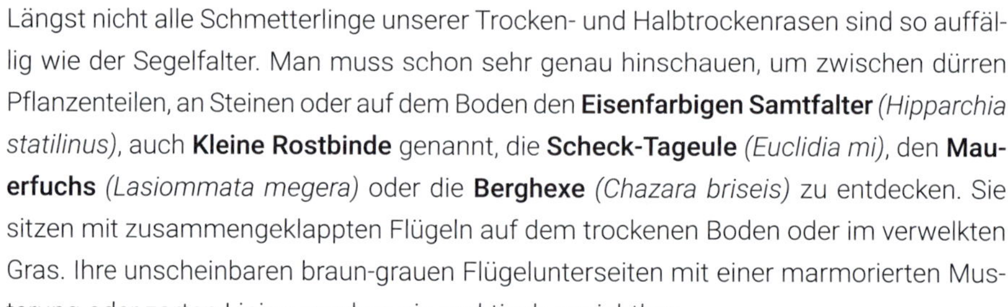

Längst nicht alle Schmetterlinge unserer Trocken- und Halbtrockenrasen sind so auffällig wie der Segelfalter. Man muss schon sehr genau hinschauen, um zwischen dürren Pflanzenteilen, an Steinen oder auf dem Boden den **Eisenfarbigen Samtfalter** *(Hipparchia statilinus)*, auch **Kleine Rostbinde** genannt, die **Scheck-Tageule** *(Euclidia mi)*, den **Mauerfuchs** *(Lasiommata megera)* oder die **Berghexe** *(Chazara briseis)* zu entdecken. Sie sitzen mit zusammengeklappten Flügeln auf dem trockenen Boden oder im verwelkten Gras. Ihre unscheinbaren braun-grauen Flügelunterseiten mit einer marmorierten Musterung oder zarten Linien machen sie praktisch unsichtbar.

Berghexe

Auch die Raupen dieser Arten sind gut getarnt. Wenn sie sich strecken, sehen manche wie grüne, andere wie dürre Halme aus. Bevor der Winter kommt, schlüpfen sie aus dem Ei, nehmen aber zunächst keine oder kaum Nahrung zu sich. Stattdessen verkriechen sich die kleinen Überlebenskünstler erst einmal unter einem Grasbüschel. Sobald im zeitigen Frühjahr das erste zarte und vor allem nahrhafte frische Grün sprießt, beginnen die nachtaktiven Raupen, an verschiedenen Gräsern oder – so die Tageule – an verschiedenen

Schmetterlingsblütlern zu fressen. Tagsüber ziehen sie sich zum Schutz vor Vögeln und Weidetieren tief in die Vegetation zurück. Wenn zum Sommer hin das Angebot an frischem Grün abnimmt, sind die Raupen erwachsen und verpuppen sich in der Bodenstreu. Für die Falter, die im Hochsommer nach rund zwei Wochen Puppenruhe schlüpfen, ist auch zu dieser Jahreszeit noch genügend Nahrung da. Sie benötigen ja kein frisches Blattgrün, sondern saugen Nektar. Viele Falter bevorzugen violette Blüten typischer Sommerblumen wie Skabiosen, Flockenblumen oder verschiedener Distel-Arten.

Bunt blühende Wiese und Weiden, auf der sich viele Schmetterlinge tummeln, sind für uns ein Bild des Sommers und einer intakten Natur. Sie gehören zu unserer Kulturlandschaft wie Äcker, Feldraine, Hecken, Laub- und Mischwälder und sind das Ergebnis jahrzehnte- oder jahrhundertelanger Bewirtschaftung, unter der sich je nach Boden, Klima und Wasserversorgung charakteristische Lebensgemeinschaften von Pflanzen und Tieren entwickelten. Von zentraler Bedeutung ist dabei die Nährstoffversorgung. Je ärmer der Boden, desto bunter und vielfältiger wird die Blütenpracht und umso vielfältiger auch die Schmetterlingsfauna. Das mag auf den ersten Blick etwas paradox erscheinen, ist aber einfach zu erklären: Ist ein Boden gut mit Nährstoffen versorgt, können konkurrenzstarke Pflanzen schnell und kräftig wachsen. Das sind starkwüchsige oder ausläuferbildende Arten wie Gräser oder Seggen, die die konkurrenzschwächeren Kräuter überwuchern und ihnen Licht und Nährstoffe nehmen. Daher sind die überdüngten Wiesen unserer heutigen Agrarlandschaft einfach nur grün. Eine grüne Wüste. So aber im Boden Nährstoffe Mangelware sind, ist Platz für die «Hungerkünstler» unter den Pflanzen, zu denen viele unserer bunt blühenden Arten zählen.

Je ärmer und karger der Boden eines Magerrasens ist, desto größer ist die Chance, den **Roten Scheckenfalter** *(Melitaea didyma)* beobachten zu können. Die wärmebedürftige Art fliegt nur dort, wo zwischen den Pflanzen viele offene Bodenstellen vorhanden sind und sich der Boden entsprechend schnell erwärmen kann. Die Raupen fressen an verschiedenen Pflanzenarten, auch die Falter sind nicht wählerisch und suchen die Blüten zahlreicher Arten auf, um Nektar zu saugen.

Für die Flora und damit auch Fauna einer Wiese oder eines Magerrasens spielt ferner der Kalkgehalt des Bodens eine zentrale Rolle. Wiesen und Magerrasen auf Kalk zählen zu den wertvollsten Biotopen Mitteleuropas und beherbergen eine große Zahl seltener und gefährdeter Tier- und Pflanzenarten. Typische Arten sind Wiesen-Salbei, Kartäuser-Nelke, Gewöhnliche Kuhschelle und verschiedene Orchideen. Kalkmagerrasen sind in der Regel bunter und artenreicher als Silikatmagerrasen auf Sand, auf denen zum Beispiel Berg-Sandglöckchen, Silbergras, Sand-Strohblume oder Kleiner Säuerling wachsen.

Im Silbergras ruht ein Weibchen eines **Schwarzkolbigen Braun-Dickkopffalters** *(Thymelicus lineola)* und legt seine Eier in kleinen Gruppen an den Blättern des zarten Grases ab. Die Raupen schlüpfen vor dem Winter und beginnen erst im Frühjahr zu fressen. Mit ihrer blattgrünen Farbe sind sie gut getarnt. Zur Sicherheit bauen sie sich noch eine kleine Röhre: Dazu fressen sie ein Blatt von beiden Seiten her ein wenig an, das Blatt rollt sich daraufhin ein, den entstehenden Spalt fixieren die Raupen mit einigen Spinnfäden und fertig ist das Wohnzimmer.

Die Raupen des **Kommafalters** oder **Komma-Dickkopffalters** *(Hesperia comma)* bauen einen ähnlichen Köcher aus trockenen Pflanzenmaterialien. Nach der Verpuppung in der Streu am Boden schlüpfen zuerst die Männchen, die am dunklen Streifen auf der Oberseite der Vorderflügel zu erkennen sind. Dieses «Komma» trägt Duftschuppen mit Sexuallockstoffen, den Pheromonen, die die Paarungsbereitschaft der Weibchen stimulieren. Es lohnt sich, im Hoch- und Spätsommer von Ende Juni bis Mitte September Horste von Schaf-Schwingeln genauer unter die Lupe zu nehmen. Vielleicht sind die Eier, die die Weibchen nach der Paarung im oberen Teil der Blätter abgelegt haben, zu entdecken. Sie sehen aus wie kleine weiße Perlen.

Besonders auffällige Bewohner blütenreicher Wiesen sind die kleinen Falter zweier Schmetterlingsfamilien: Die geselligen Bläulinge haben häufig oberseits blaue Flügel, und die Widderchen, auch Blutströpfchen genannt, sind meistens rot gefleckt. Zu den weit verbreiteten Arten zählen der leuchtend himmelblaue **Geißklee-Bläuling** *(Plebeius argus)* und das **Krainische Widderchen** *(Zygaena carniolica)*. Eine der sehr seltenen und in ganz Europa streng geschützten Arten ist der **Schwarzgefleckte Bläuling** *(Phengaris arion)*. Bläulinge und Widderchen sind tagaktive Arten, die überall dort zu beobachten sind, wo es noch nicht oder nur schwach gedüngte Wiesen, Halbtrocken- und Magerrasen mit einem großen Blütenangebot gibt. Gleiches trifft auf das **Schachbrett** *(Melanargia galathea)* zu, das seinen deutschen Namen der schwarz-weißen Musterung verdankt. Das Schachbrett streut seine kugelrunden weißen Eier in die Vegetation und legt nicht, wie viele andere Falter, die Eier gezielt an die Nahrungspflanzen der Raupen ab. Die Raupen, die an verschiedenen Gräsern fressen, schlüpfen rund drei Wochen später und überwintern in der Bodenstreu, ohne vorher zu fressen. Damit sie nicht verhungern, wurden die Raupen in den Eiern bereits mit ordentlich Proviant versorgt – deshalb sind die Eier des Schachbretts mit einem Millimeter Durchmesser ungewöhnlich groß.

Zahlreiche Pflanzen- und Tierarten unserer nährstoffarmen und trockenen Offenlandstandorte stammen aus den Steppengebieten Asiens. Sie wanderten nach dem Rückgang der Gletscher nach Mitteleuropa ein und wurden hier heimisch. Auch heute erobern sich Pflanzen und Tieren neue Lebensräume, indem sie aktiv oder passiv in neue Regionen vordringen. Manche Arten reisen als blinde Passagiere in Autos und Flugzeugen, andere erschließen sich aus eigener Kraft neue Lebensräume. Zu letzteren Arten gehört der **Östliche** oder **Steppen-Gelbling** *(Colias erate)*, der wie der Segelfalter ein starker Flieger ist. Er ist in den asiatischen Steppen zu Hause und hat es Ende der 1980er-Jahre entlang der Donau bis nach Mitteleuropa geschafft. Die ersten Nachweise aus Österreich stammen von 1990. In Brandenburg wurde er erstmals 1995 festgestellt. Hier war er wie in den östlichen Landesteilen von Bayern und Sachsen einige Jahre in größerer Anzahl zu beobachten. Inzwischen tauchen nur noch Einzelexemplare auf und es bleibt abzuwarten, ob sich die Art hier auf Dauer etabliert.

Wer glaubt, dass mit dem Einbruch der Nacht das Schmetterlingsleben auf den Wiesen ruht, der irrt gewaltig. Artenzahl und Menge der nachtaktiven Falter übersteigen bei Weitem die der bunten Flatterei am Tag. Wir werden einige dieser Arten, die sich nachts auf Wiesen und Weiden tummeln, noch kennenlernen. Eine sei hier schon vorgestellt: der prächtige **Purpurbär** *(Diacrisia purpurata)*. Um diese Art zu beobachten, muss man sich spät auf den Weg machen, denn der Falter ist erst ab Mitternacht bis in die Morgendämmerung aktiv. Tagsüber ruht er in der Vegetation und fliegt nur bei Gefahr auf. Dann erschreckt er potenzielle Fressfeinde mit seinen plötzlich sichtbaren roten Hinterflügeln. Die Raupen des Purpurbären sind nicht wählerisch. Sie sind polyphag, das heißt, sie sind nicht nur auf eine oder wenige Pflanzenarten als Nahrung angewiesen. Die Raupen des Purpurbären fressen an verschiedenen Wiesenblumen.

Mauerfuchs

SCHAFE UND SENSE FÜR DIE SCHMETTERLINGSVIELFALT

Einst, als in Mitteleuropa mehr oder weniger dichte Wälder vorherrschten, waren offene, gehölzfreie Standorte nicht so weit verbreitet wie heute. Wiesen gab es dort, wo Ur, Mammut, Wisent und andere große Pflanzenfresser weideten, wo entlang der Flüsse und Bäche die natürliche Dynamik der Wasserläufe für temporär überschwemmte Ebenen und steile Abbruchkanten sorgte oder wo nach trockenen Jahren Wälder niederbrannten. Auch steile, sonnenexponierte Felsen werden seit jeher baumfrei gewesen sein. Doch erst, seit der Mensch die Wälder rodete, um Ackerbau zu betreiben und Heu und Streu zu gewinnen, prägen offene Lebensräume das Bild der mitteleuropäischen Kulturlandschaft. Um sie zu erhalten, ist regelmäßige Mahd oder Beweidung notwendig, sonst verbuschen die Flächen und entwickeln sich allmählich wieder zu Wäldern.

Eisenfarbiger Samtfalter

Der Verlust offener, nährstoffarmer Lebensräume hat in den letzten Jahren vor allem nördlich der Alpen immense Ausmaße angenommen. Zahlreiche einst häufige Pflanzen- und Tierarten der Mager- und Halbtrockenrasen sind in vielen Regionen ausgestorben. So sind zum Beispiel der einst über ganz Mitteleuropa verbreitete Eisenfarbige Samtfalter und der ehemals häufige Segelfalter heute auf wenige wärmebegünstigte Regionen im Süden und Osten Mitteleuropas beschränkt.

Um den Rückgang der Arten aufzuhalten oder gar in das Gegenteil zu verkehren, sind große Anstrengungen vonnöten. Viele Schmetterlinge benötigen großflächige und strukturreiche Biotopkomplexe. Der Eisenfarbige Samtfalter ist tagsüber auf weiten sandigen oder steinigen Flächen mit wenig Bewuchs unterwegs. Nachts fliegt er in benachbarte lichte Wälder oder Baumgruppen, wo er an der Borke der Gehölze übernachtet. Der Segelfalter legt seine Eier an niedrigen, warm und trocken stehenden Schlehen ab und braucht als starker Flieger ein reiches Angebot an nektarreichen Blüten sowie exponierte Büsche oder Bäume, die er zur Balz aufsucht. Auch der Mauerfuchs ist ein Bewohner ausgedehnter Biotopkomplexe. Tagsüber sitzt er an Mauern, auf Findlingen oder an Böschungen und beobachtet von diesen Warten aus sein Revier, um vorbeifliegende Weibchen anzubalzen und andere Falter, die ihm zu nahe kommen, zu vertreiben.

Segelfalter

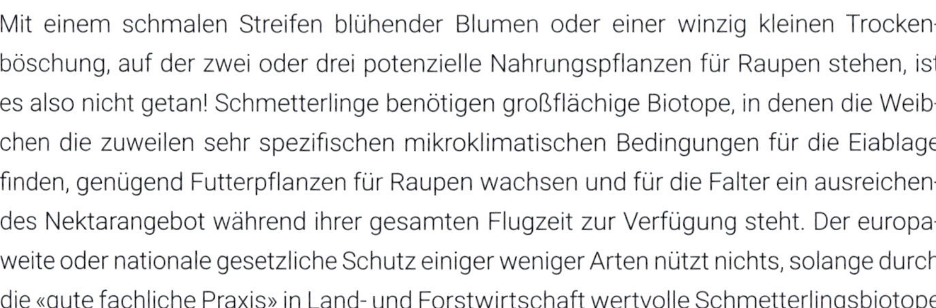

Mit einem schmalen Streifen blühender Blumen oder einer winzig kleinen Trockenböschung, auf der zwei oder drei potenzielle Nahrungspflanzen für Raupen stehen, ist es also nicht getan! Schmetterlinge benötigen großflächige Biotope, in denen die Weibchen die zuweilen sehr spezifischen mikroklimatischen Bedingungen für die Eiablage finden, genügend Futterpflanzen für Raupen wachsen und für die Falter ein ausreichendes Nektarangebot während ihrer gesamten Flugzeit zur Verfügung steht. Der europaweite oder nationale gesetzliche Schutz einiger weniger Arten nützt nichts, solange durch die «gute fachliche Praxis» in Land- und Forstwirtschaft wertvolle Schmetterlingsbiotope weiterhin in großem Stil vernichtet werden. Trotz jahrzehntelanger eindringlicher Warnungen und Appelle seitens der Biologen halten der unverminderte massive Einsatz von Insektiziden und die Überdüngung der Landschaft durch energieaufwendig produzierte Mineraldünger und Gülle als Abfallprodukt der Massentierhaltung an.

Auf der anderen Seite werden unproduktive Flächen nicht mehr bewirtschaftet und verbuschen oder werden aufgeforstet. Problematisch ist auch die Nutzung nährstoffarmer Landstücke, die gemeinhin als Ödland gelten. Auf solchen Flächen werden zunehmend Biogasanlagen oder Solarparks errichtet, um den Energiehunger unserer Gesellschaft möglichst klimaneutral zu stillen. Damit gehen aber viele wertvolle Habitate verloren. Immerhin könnten Solarparks durchaus mit der gezielten Anlage nährstoffarmer und artenreicher Wiesen und Säume mit heimischen Pflanzenarten zu Ersatzbiotopen umgestaltet werden, die vielen Pflanzen und Tieren unserer Wiesen einen Lebensraum bieten.

Die richtige Pflege der verbliebenen, häufig viel zu kleinen und vielfach weit voneinander isolierten Wiesen und Magerrasen gestaltet sich für den Naturschutz immer schwieriger. Eine zu intensive Beweidung oder eine komplette Mahd mit sofortiger Entfernung des Mahdguts vernichtet Raupennahrungspflanzen und Raupen. Eine raspelkurz beweidete oder gemähte und blütenlose Grasnarbe bietet Raupen keinen Schutz und Faltern keine Nahrung. Notwendig ist ein angepasstes Management, das mal den einen, mal den anderen Teil einer Fläche eine Zeit lang sich selbst überlässt. Die Notwendigkeit einer solchen Mosaikpflege oder «Chaospflege» für den Schutz artenreicher Offenland- und Saumbiotope ist seit Langem bekannt. Trotzdem werden in unserem reichen Mitteleuropa nicht annähernd genügend Mittel bereitgestellt, um mit einer angepassten Pflege wertvollste Habitate unserer Kulturlandschaft zu erhalten.

Südlich der Alpen sowie in den Tallagen der inneralpinen Trockentäler gibt es noch großflächige blüten- und schmetterlingsreiche Wiesen und Magerrasen. Aber auch hier werden zunehmend wertvolle Lebensräume für Schmetterlinge vernichtet, sei es durch die Anlage intensiv bewirtschafteter Weinberge oder immer größerer Apfelplantagen. Zusätzlich gelangen die in großem Stil eingesetzten Insektizide durch Abdrift in verbliebene benachbarte Habitate und haben dort negative Folgen nicht nur für Schmetterlinge wie die besonders empfindlichen Widderchen, sondern auch für zahlreiche andere Pflanzen- und Tierarten.

Auch wenn die Gründe für das Artensterben noch nicht bis ins letzte Detail erforscht sind, die wesentlichen Ursachen sind seit Jahrzehnten bekannt. Wir wissen, wie wir unsere artenreichen Wiesen und Magerrasen bewahren, erhalten und fördern können. Damit sich in Zukunft wieder überall Schmetterlinge und andere Insekten tummeln können, braucht es schlicht und einfach nur den gesellschaftlichen und politischen Willen.

Wir haben nicht mehr viel Zeit.

Hochmoor-Gelbling (Colias palaeno):
Baumweißling · Aporia crataegi
Rauschbeer-Spanner · Arichanna melanaria
Großer Moorbläuling · Maculinea teleius
Blauschillernder Feuerfalter · Lycaena helle
Hochmoor-Perlmuttfalter · Boloria aquilonaris
Rauschbeeren-Bläuling
Plebejus optilete
Adscita statices
Ampfer-Grünwidderchen
Silberscheckenfalter · Melitaea diamina
Ampfer-Purpurspanner
Lythria cruentaria
Schweizer Purpurspanner
Lythria plumularia
Heide-Grünwidderchen
Rhagades pruni

ling ist ein „Glazial-Relikt" und fliegt in Europa ausschließlich dort auf,
, wo die Rauschbeere (Vaccinium uliginosum) vorkommt. Verbreitet ist
gebiete, sowie häufig in einer Vorkommen in Skandinavien. Da die
vorkommt, ist der Falter auf einen sehr variablen Lebensraum
darf und benötigt benachbarte Blumenwiesen.
standbeeinträchtigend.

Moor-Bunt-Eulen

Anarta myrtilli

Coranarta cordigera

Rauschbeere (Vaccinium uliginosum)

Kühl und nass – Lebensraum Hochmoore und Feuchtwiesen

Hochmoore sind kalte Habitate. Über die große Oberfläche der Pflanzen, vor allem der Torfmoose, verdunstet an Sommertagen viel Wasser und kühlt das Moor. Im Frühjahr bleibt der Schnee länger liegen, im Herbst friert es im Moor früher als in der Umgebung. Wo Moore in Senken und Tälern liegen, wird dieser Effekt noch verstärkt. Deshalb sind Hochmoore Lebensraum einer Reihe von Pflanzen- und Tierarten, die in den Kaltzeiten nach Mitteleuropa einwanderten. Der **Hochmoor-Gelbling** *(Colias palaeno)* und der **Hochmoor-Perlmuttfalter** oder **Perlmutterfalter** *(Boloria aquilonaris)* sind solche Glazialrelikte, die an wenigen kalten Sonderstandorten bis heute hier überleben konnten. Ihre jungen Raupen sind auf eine lang anhaltende schützende Schneedecke, unter der sie wohltemperiert kühl und ausgeglichen feucht überwintern können, angewiesen.

Der Hochmoor-Perlmuttfalter legt seine hellgelben Eier an die Blattunterseiten der Moosbeere und der Rosmarinheide ab, der Hochmoor-Gelbling sucht dafür die Oberseite älterer Blätter der Rauschbeere auf. Dabei sind die Hochmoor-Gelblinge recht wählerisch, denn während der Vegetationsperiode mögen es die Raupen durchaus etwas wärmer. Für die Eiablage müssen die Rauschbeeren niedrigwüchsig sein und an besonnten Stellen wachsen. Die Raupen sind schwierig zu finden, denn sie haben exakt die gleiche blaugrüne Farbe wie ihre Nahrung. Wie bei vielen *Colias*-Arten ziert lediglich ein dünner hellgelber Streifen ihre Seiten. Allerdings zeugen charakteristische Spuren mit unterseits abgenagtem Blattgewebe bei stehen gelassenen Blattnerven von ihrer Anwesenheit und ihrer Gefräßigkeit.

Nach dem Schlupf aus der Puppe verlassen die Falter die blütenarmen Hochmoore, die ihnen keine Nahrungsgrundlage geben, und fliegen auf Wiesen oder Ruderalfluren in der Umgebung, auf denen Disteln der Gattungen *Carduus* und *Cirsium* oder andere Nektarquellen blühen. Sie bleiben dabei meist in der Nähe des Raupenhabitats und überfliegen keine großflächigen Hindernisse.

Seine Ansprüche an Temperatur und Feuchtigkeit während des Winters werden dem Hochmoor-Gelbling zunehmend zum Verhängnis. Angesichts der derzeitigen Klimaveränderungen werden unsere Winter schneeärmer, wärmer und nasser und immer mehr Raupen erfrieren bei Kahlfrösten oder sterben bei Nässe. Der Eintrag von Nährstoffen aus Gülle, Mineraldüngern und Stickoxiden in die Moore lässt die Rauschbeeren kräftiger und höher wachsen, und in Folge stimmen auch die mikroklimatischen Bedingungen nicht mehr: Die Raupen sind stärker dem Wind ausgesetzt und vertrocknen.

Aber nicht nur der Klimawandel und die Nährstoffeinträge setzen dem Hochmoor-Gelbling und dem Hochmoor-Perlmutterfalter zu. Ihre Lebensräume werden zusehends vernichtet. In der heutigen einheitlichen Intensivland- und Forstwirtschaft ist für ein kleinräumiges Mosaik von Mooren und blütenreichen Wiesen und Waldsäumen, wie es beide Arten benötigen, kein Platz mehr. Die meisten Hochmoore sind durch Entwässerung für die Gewinnung von Weide- und Ackerland oder für den Torfabbau zerstört worden. In der blütenarmen Landschaft finden die Falter, die auf den Nektar angewiesen sind, nicht genügend Nahrung. Es nutzt dem Hochmoor-Gelbling nichts, dass er ein guter Flieger ist – er kann nirgendwohin mehr ausweichen. So ist er wie viele Schmetterlingsarten der Hochmoore und nährstoffarmer Nasswiesen in den letzten Jahren fast überall ausgestorben. Seine wenigen verbliebenen Vorkommen in Mitteleuropa sind stark gefährdet.

Hochmoore und andere Moore wie Zwischenmoore und die Kesselmoore im Osten Deutschlands werden häufig von Moorwäldern mit schwachwüchsigen Kiefern und Birken gesäumt. Hier ist der Lebensraum des **Hochmoor-Bläulings** *(Agriades optilete)*. Er legt wie Hochmoor-Gelbling seine Eier an der Rauschbeere ab, bevorzugt aber Pflanzen, die leicht beschattet am Rand des Moores oder in lichten Moorwäldern wachsen. Die Raupen überwintern, wachsen im Frühjahr schnell heran und verpuppen sich an ihren Nahrungspflanzen, zu denen neben der Rauschbeere auch andere *Vaccinium*-Arten gehören. Die Falter schlüpfen im Frühsommer und kommen offensichtlich mit dem Nektarangebot zurecht, das das Moor und angrenzende Randsümpfe ihnen bieten. Sie sind nicht wählerisch und besuchen verschiedene Blüten wie die der Moosbeere oder des Sumpf-Blutauges. Trotz seiner Genügsamkeit als Falter ist auch der Hochmoor-Bläuling stark gefährdet.

Zwei weitere Bläuling-Arten, der **Helle Wiesenknopf-Ameisenbläuling** *(Phengaris teleius)* und der **Blauschillernde Feuerfalter** *(Lycaena helle)* sind europaweit sehr selten. Deshalb wurden sie unter Schutz gestellt und in den Anhang II der Fauna-Flora-Habitat-Richtlinie der Europäischen Union (FFH-Richtlinie) aufgenommen. Für die Arten dieser Liste müssen besondere Schutzgebiete ausgewiesen werden, deren Zustand regelmäßig überprüft wird und der sich nicht verschlechtern darf. Leider ist das häufig doch der Fall, da sich die Landnutzung in der Umgebung stets auf benachbarte Schutzgebiete auswirkt.

Mit einer Lebensdauer von nur zwei bis drei Tagen gehört der Helle Wiesenknopf-Ameisenbläuling zu den kurzlebigsten Arten unserer Schmetterlingsfauna. In dieser kurzen Zeitspanne legt er seine Eier in die kleinen seitlichen Blütenstände des Großen Wiesenknopfs, der auf nährstoffreicheren, wechselfeuchten bis nassen Wiesen vor allem in den Mittelgebirgen wächst. Die Blüten dienen dem Hellen Wiesenknopf-Ameisenbläuling zudem als Schlafplatz und Nektarquelle. Er gehört zu der hochspezialisierten Gruppe der Ameisenbläulinge, die eine ganz besondere Beziehung zu Roten Wiesenameisen der Gattung *Myrmica* haben. Aber dazu später mehr.

Der Blauschillernde Feuerfalter ist ein kleiner Falter mit schnellem, fast hektischem Flug, der im Tiefland bereits im frühen Frühling meist dicht über der Vegetation fliegt – oder, besser gesagt, geflogen ist, denn die Vorkommen dieser Art sind fast überall erloschen. Seine Ansprüche an den Lebensraum sind hoch: Der Blauschillernde Feuerfalter, ebenfalls ein Glazialrelikt unserer Schmetterlingsfauna, benötigt sonnige, geschützte Mähwiesen mit nächtlicher Kühle und hoher Luftfeuchtigkeit. In Europa existieren verschiedene, weit voneinander getrennte Populationen von den östlichen Pyrenäen bis in das westliche Russland.

Beim Blauschillernden Feuerfalter überwintert die Puppe. Der Falter schlüpft mit den ersten warmen Sonnenstrahlen im Frühling und saugt an Blüten verschiedener früh blühender Wiesenblumen wie der Sumpf-Dotterblume, Hahnenfuß-Arten, dem Wiesen-Schaumkraut oder auch an den Blüten von Weiden und Berg-Ahorn. Die Falter legen ihre Eier ausschließlich an den Schlangen-Wiesenknöterich. Dort fressen die Raupen charakteristische Muster in die Blätter: Ähnlich wie beim Hochmoor-Gelbling nagen die jungen Raupen nur auf der Unterseite der Blätter das weiche Blattgewebe zwischen der Blattnervatur ab, die älteren Raupen fressen ganze Fenster in die Blätter. Im Spätsommer verpuppen sie sich an ihren Nahrungspflanzen. Das Wissen um diesen Lebenszyklus ist für die Bewirtschaftung der Wiesen, auf denen die Art lebt, von hoher Bedeutung: Die Wiesen dürfen nicht auf einmal auf ganzer Fläche gemäht werden, da sonst alle Puppen mit abgemäht werden würden. Eine Mosaikmahd hat den weiteren Vorteil, dass auch spät blühende Pflanzen sich auf der ungemähten Fläche aussamen können.

WIEDERANSIEDLUNGSVERSUCHE

In Brandenburg im Nordosten Deutschlands ist 1980 der Blauschillernde Feuerfalter ausgestorben. Um die Art hier wieder heimisch werden zu lassen, werden in einigen Naturschutzgebieten Flächen mit Schlangen-Wiesenknöterich, die den Ansprüchen des Blauschillernden Feuerfalters entsprechen, gezielt gefördert. Doch konnte der Falter nicht aus eigener Kraft nach Brandenburg zurückkommen. Zu klein und zu isoliert sind seine wenigen noch existierenden Populationen. Deshalb wurden in einem Versuch Raupen des letzten Vorkommens aus dem angrenzenden Mecklenburg-Vorpommern auf eine Wiese in Brandenburg gebracht. Damit ist es gelungen, eine kleine Population des Blauschillernden Feuerfalters in Brandenburg aufzubauen. Sollte der Versuch erfolgreich sein, werden weitere Ansiedlungsversuche folgen. Hoffentlich wird diese seltene Art in Zukunft auch im Osten Deutschlands wieder häufiger anzutreffen sein.

So erfreulich gelungene Ansiedlungen von Pflanzen und Tieren auch sind: Ansiedlungen sind keine Wunderwaffe gegen die Folgen der fortschreitenden Zerstörung vieler wertvoller Biotope. Sie sind die allerletzte, aufwendige und sehr kostspielige Möglichkeit, das Aussterben einiger weniger Arten zu verhindern, und gelingen beileibe nicht immer. Oberste Priorität muss ohne Wenn und Aber der umfassende Schutz der Lebensräume haben.

Wie der Hochmoor-Gelbling gehört der **Baum-Weißling** *(Aporia crataegi)* zur Familie der Weißlinge. Er fliegt am Rand von Hochmooren, auf Lichtungen, an Waldsäumen, Hecken und in verwilderten Obstbaumhainen. Die Eiablage erfolgt bevorzugt in großen Gelegen in windgeschützter Lage auf Weißdorn *(Crataegus)*. Der wissenschaftliche Faltername *«crataegi»* weist auf die wichtigste Nahrungspflanze der Raupen hin, sie fressen aber auch an anderen Sträuchern und Bäumen, die zu den Rosengewächsen gehören, zum Beispiel an Schlehen, Obstbäumen oder Ebereschen. Die jungen Raupen überwintern gesellig in Nestern an ihren Nahrungspflanzen. Dazu spinnen sie ein Blatt an einen Zweig. Das trockene Blatt fällt in der Umgebung überhaupt nicht auf.

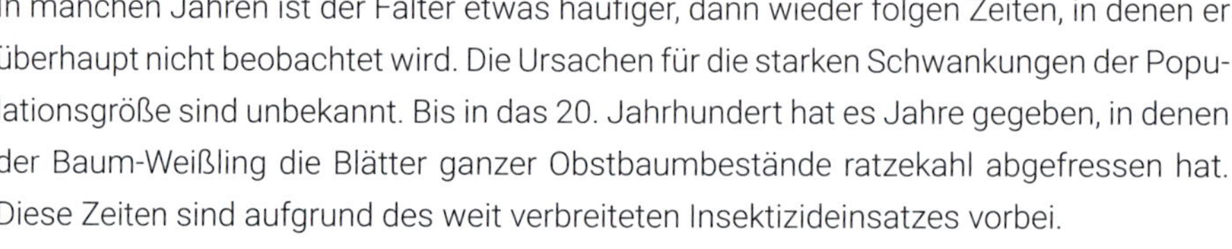

In manchen Jahren ist der Falter etwas häufiger, dann wieder folgen Zeiten, in denen er überhaupt nicht beobachtet wird. Die Ursachen für die starken Schwankungen der Populationsgröße sind unbekannt. Bis in das 20. Jahrhundert hat es Jahre gegeben, in denen der Baum-Weißling die Blätter ganzer Obstbaumbestände ratzekahl abgefressen hat. Diese Zeiten sind aufgrund des weit verbreiteten Insektizideinsatzes vorbei.

Basenreiche Niedermoorwiesen, Kleinseggenriede und Mähwiesen sind die Heimat des **Baldrian-Scheckenfalters** *(Melitaea diamina)*. Scheckenfalter sind meist recht schwierig zu unterscheiden. Den Baldrian-Scheckenfalter kann man jedoch gut an der äußersten orangefarbenen Binde der Hinterflügelunterseite, die nicht wie bei anderen Scheckenfaltern schwarz durchbrochen ist, erkennen. Er legt seine Eier an die Blattunterseiten des Kleinen und des Echten Baldrians ab. Die Raupen ruhen tagsüber am Boden und kriechen am späten Nachmittag zum Fressen an den Stängeln der Nahrungspflanze empor. Sie überwintern in einem gemeinschaftlichen Gespinst und gehen im Frühjahr eigene Wege. Im Tiefland fliegt der Falter bereits Ende Mai, in höheren Berglagen im August.

Heidekrauteulchen

Moor-Bunteule

Eulen sind nachtaktive Tiere – das trifft sowohl für die Vögel als auch für ihre Namensvetter, die Eulenfalter, zu. Aber es gibt auch Ausnahmen. Wer tagsüber im Hochmoor und auf Heiden unterwegs ist, hat die Chance, gleich zwei tagaktiven Eulen zu begegnen, dem **Heidekrauteulchen** *(Anarta myrtilli)* und der **Moor-Bunteule** *(Coranarta cordigera)*. Man muss aber Glück haben. Dank ihrer lebendigen Musterung, durch die die Falter mit der Umgebung verschmelzen, sind die beiden Eulenarten trotz ihrer eigentlich auffälligen Farben sehr gut getarnt. Erst bei unmittelbarer Gefahr fliegen sie plötzlich hoch und irritieren mit ihren gelben Hinterflügeln potenzielle Fressfeinde. So rasch, wie sie auffliegen, lassen sie sich wieder in die Vegetation zurückfallen und verharren dort bis zur nächsten Störung.

Die Nahrungspflanzen des Heidekrauteulchens sind verschiedene Heide-Arten wie Besenheide, Glocken-Heide oder Schnee-Heide. An diesen Pflanzen sind die grünen Raupen mit ihrer zarten und regelmäßigen Musterung, die sie fast wie ein beblättertes Heidekraut-Stämmchen aussehen lässt, perfekt getarnt. Die Raupen der hochgradig gefährdeten Moor-Bunteule fressen an verschiedenen Arten der Gattung Heidelbeere, vorzugsweise an der Rauschbeere.

Anarta myrtilli

Apollofalter
Parnassius apollo

Erebia pluto f. alecto
(De Prunner, 1798)

Erebia pandrose
(Brockhausen, 1788)

Colias phicomone
(Esper, 1780)

Hochalpen-Apollo
Parnassius phoebus sacerdos

Erebia glacialis

ÄHNLICHE ARTEN AUS DEN FAMILIEN DER CRAMBIDAE UND NOCTUIDAE AUF DEN HÖHENLAGEN DES ORTLERGEBIETES UM 3000 m

CRAMBIDAE

Metaxmeste schrankiana (HOCHENWARTH, 1785)

Metaxmeste phrygialis (HÜBNER, 1796)

Orenaia alpestralis (FABRICIUS, 1787) Orenaia andereggialis (HERRICH-SCHÄFFER)

Orenaia helveticalis (HERRICH-SCHÄFFER 1851)

Orenaia lugubralis (LEDERER 1857)

Silberwurz (Dryas octopetala)

NOCTUIDAE

Alpen-Silberwurzeule (Sympistis nigrita BOISDUVAL 1840)

Anarta melanopa (THUNBERG & BECKLIN 1791)

Zygaena exulans (HOHENWARTH, 1792)
Alpen-Widderchen

JB 2016
JOHANN BRANDSTETTER

In eisigen Höhen – Lebensraum Hochgebirge

Die wohlverdiente Rast vor herrlichem Bergpanorama unter blauem Himmel zählt zu den schönsten Stunden im Wanderer- und Bergsteigerleben. Und ein flatternder Besuch macht die Brotzeit zu einem besonderen Erlebnis. Fast jeder, der viel in den Alpen unterwegs ist, hat ihn schon beobachtet, einen hübschen, dunklen Schmetterling, der vorsichtig herangeflogen kommt. Er setzt sich auf Arme, Beine, Schulter oder Stirn und beginnt, mit seinem Rüssel die verschwitzte Haut abzutasten. Dort sind viele Mineralstoffe zu finden, die dem Falter so guttun, dass er auf dem Wanderer sitzen bleibt oder um ihn herumfliegt, wenn es weitergeht.

Der Falter ist ein Mohrenfalter der Gattung *Erebia*. Mohrenfalter sind charakteristische Bewohner blütenreicher und steiniger Rasen. Beobachten kann man sie am besten bei Sonnenschein, wenn sie dicht über der Vegetation von Blüte zu Blüte fliegen. Gelegentlich suchen sie auch feuchte Bodenstellen auf, an denen sie wie am Arm des Wanderers gerne Mineralien aufsaugen. Kaum verschwindet die Sonne hinter einer Wolke, setzen sich die Schmetterlinge in die Vegetation oder auf Steine und klappen die Flügel zusammen. Mit ihrer grau marmorierten Flügelunterseite sind sie in den schutt- und felsreichen Rasen kaum zu entdecken. Bei Sonne klappen sie die Flügel umgehend wieder auf, tanken ein wenig Wärme und fliegen los.

DUNKLE FLÜGEL ALS SONNENKOLLEKTOREN

Mohrenfalter sind in Europa mit 48 Arten vertreten. Sie sind an die kühlen Habitate des Hochgebirges mit kurzer Vegetationsperiode angepasst. Die dichte Körperbehaarung schützt ein wenig vor Kälte und die geöffneten, dunklen Flügel wärmen bei Sonnenschein den Falter auf. Zum Erfolg der Mohrenfalter hat auch die Ernährungsweise der Raupen beigetragen, die an verschiedenen Gräsern, Seggen, Simsen und Binsen fressen. Diese Pflanzengruppen sind auch in höheren Lagen der Gebirge weit verbreitet und häufig vegetationsbestimmend, sodass es den Raupen nicht an Nahrung mangelt.

Der **Eis-Mohrenfalter** *(Erebia pluto)* ist einer der Höhenflieger unter den Mohrenfaltern. Er kommt noch in Höhen über 3200 Metern vor. Der ungewöhnlich dunkle Schmetterling ist auch auf der Unterseite fast schwarz gefärbt. Meist fliegt er in spärlich bewachsenen alpinen Feinschuttfluren knapp über dem Boden, den die Sonne ein wenig aufgewärmt hat. Die Eiablage erfolgt an Steinen. Das hat zur Folge, dass die frisch geschlüpften Raupen hungern müssen, bis sie ihre Nahrung gefunden haben. Die Entwicklung der Schmetterlingslarven dauert in Anbetracht des nährstoffarmen Futters und der Kälte zwei Jahre, danach verpuppen sie sich unter einem Stein.

Der Eis-Mohrenfalter ist eine alpine Art, die ausschließlich in den Alpen und im zentralen Apennin vorkommt. Die meisten seiner Verwandten sind weiter verbreitet, wie zum Beispiel der **Graubraune Mohrenfalter** *(Erebia pandrose)*, dessen Areal über die Gebirge Nord- und Westeuropas bis in die Mongolei reicht. Der Graubraune Mohrenfalter saugt gern am Stängellosen Leimkraut, einem Nelkengewächs, das mit seinen dicht rosa blühenden Polstern ein bunter Farbtupfer in mit Schuttfluren durchsetzten alpinen Rasen ist. Die Eier lassen die Weibchen einfach in die Vegetation fallen. In ihrem von Gräsern dominierten Lebensraum finden die Raupen schnell ihre Nahrungspflanzen.

Eine dunkle Färbung der Flügel, eine dichte, dunkle Behaarung des Körpers und grau-weiß marmorierte Flügelunterseiten zur Tarnung auf Gestein kennzeichnen viele weitere Schmetterlingsarten des Hochgebirges, die aus ganz verschiedenen Verwandtschaftskreisen kommen. Das **Hochalpen-Widderchen** *(Zygaena exulans)*, ein Vertreter der Widderchen, hat schwarze Flügel mit einigen roten Flecken und wie die Mohrenfalter einen dicht behaarten dunklen Körper. Auch die Raupen sind fast ganz schwarz und haben nur in jedem Segment einen hellen Fleck. Der **Gletscherfalter** *(Oeneis glacialis)*, ein Edelfalter, der nur in den Alpen vorkommt, ist mit seiner grau-schwarz gesprenkelten und weiß gezeichneten Flügelunterseite perfekt auf Schutt und Steinen getarnt. Auf Letzteren sitzen die Männchen und vertreiben mit raschem Flug andere Falter, die sich in ihr Territorium wagen.

Nächte im Hochgebirge sind auch im Sommer eiskalt. So ist es nicht verwunderlich, dass manche Arten wie die **Alpen-Blättereule** *(Anarta melanopa)* und die **Alpen-Silberwurzeule** *(Sympistis nigrita)* im Gegensatz zu ihren Verwandten im Tal am Tag fliegen. Die Raupen beider Arten fressen an der Silberwurz. Schaut man sich das Verbreitungsgebiet der Silberwurz an, stellt man fest, dass es mit dem Verbreitungsmuster zahlreicher Hochgebirgsfalter übereinstimmt und ähnlich auch bei einigen Hochmoorarten zu beobachten ist: Einst, zum Ende der Kaltzeiten, war die Silberwurz, *Dryas octopetala,* in weiten Teilen Mitteleuropas verbreitet. Weil Pollen und Pflanzenreste dieser Art ausgezeichnet fossil erhalten geblieben sind und in vielen Torfschichten gefunden wurden, wird dieser Zeitraum von 9000 bis 12 000 v. Chr. auch Dryaszeit genannt. Heute kommt die Silberwurz als arkto-alpine Art einerseits in den Alpen und andererseits in den nordischen Gebirgen der gesamten Nordhalbkugel vor. Der dichtwüchsige kleine Spalierstrauch, der zu den Rosengewächsen gehört, wächst ausschließlich auf Kalkgestein.

Nicht alle Schmetterlinge der Bergwiesen sind dunkel. Es gibt auch helle, farbenfrohe Arten. Der hellgrün- bis graugelbliche **Alpen-Gelbling** *(Colias phicomone)* ist einer von ihnen. Er ist in den Alpen und anderen europäischen Gebirgen zu Hause und fliegt auf mageren Almweiden und Heuwiesen in den Mittelgebirgslagen bis hoch in verschiedenen Rasengesellschaften der subalpinen Stufe auf 2500 Meter. Die historische Landnutzung, die nährstoffarme und blütenreiche Wiesen schuf, förderte den kräftigen Flieger. Heute ist der Alpen-Gelbling einerseits durch die Entsorgung von Gülle, andererseits durch die Auflassung von Wiesen und Weiden gefährdet.

HOCHFLIEGENDE MACHOS

Zu den auffälligsten Schmetterlingen unserer Berge zählen die Apollofalter. Die großen Falter mit weißer Grundfärbung und segelndem Flug stammen aus den Hochgebirgen Zentralasiens, wo sie in Höhen bis über 4500 Meter fliegen. Meistens überwintern die fertig entwickelten Raupen im Ei. Die Larven werden mit der Zeit immer dunkler, bis sie schließlich fast schwarz gefärbt sind. Wie bei den Mohrenfaltern dient ihre dunkle Färbung dem schnellen Aufwärmen in der Sonne. Die Falter hingegen sind auffallend hell. Sie haben eine andere Methode, um sich in der Sonne schnell aufzuwärmen: Sie stellen ihre weißen Flügel wie einen Spiegel auf, der das helle, warme Sonnenlicht auf den dunklen Körper projiziert.

Hochalpen-Apollo

Die Männchen der Apollofalter sind peinlich darauf bedacht, dass die Weibchen, mit denen sie sich gepaart haben, nicht noch von anderen Männchen begattet werden. Deshalb platzieren sie bei der Begattung am Hinterleib des Weibchens ein Sekret, das zu einer festen Chitinkappe (Sphragis) aushärtet und verhindert, dass sich anschließend andere Männchen mit ihrem Weibchen paaren können. Die Weibchen fliegen bis ans Ende ihres Falterlebens mit diesem Keuschheitsgürtel herum und legen die nach und nach heranreifenden Eier an den Futterpflanzen der Raupen ab. Und auch sonst gehen Apollo-Männchen mit den Weibchen nicht zimperlich um. Zuweilen können sie nicht einmal warten, bis ein Weibchen die Flügel entfaltet hat, und begatten es, kaum ist es aus der Puppe geschlüpft.

Unser heimischer **Apollo** *(Parnassius apollo)* kommt in allen europäischen Gebirgen vor und ist in Mitteleuropa außerhalb der Alpen sehr selten. Seine Lebensräume sind vollsonnige, offene und blumenreiche Schuttfluren und Felswände bis hinauf zur Waldgrenze. Dort saugt er an roten und violetten Blüten. Die Raupen fressen bevorzugt am Weißen Mauerpfeffer. Fühlt sich der Apollofalter bedroht, spreizt er als Abwehrhaltung die Vorderflügel ab, sodass die vier Augen auf den Hinterflügeln sichtbar werden, und erzeugt mit den hinteren Beinpaaren ein knisterndes Geräusch. Das soll den Feind irritieren und in die Flucht schlagen.

Oberhalb der Baumgrenze ist ein anderer, noch seltenerer Apollofalter zu Hause, der **Hochalpen-Apollo** *(Parnassius sacerdos)*. Der Hochalpen-Apollo fliegt entlang kleiner Bäche und in Quellfluren der subalpinen Stufe, wo die Futterpflanze seiner Raupen, der kleine, gelborange blühende Fetthennen- oder Bach-Steinbrech, wächst. In den Ostalpen fressen die Raupen an der Rosenwurz. Es gibt Hinweise darauf, dass das unterschiedliche Futter Einfluss auf die Flügelfarbe der Falter hat: Falter, deren Raupen am Fetthennen-Steinbrech gefressen haben, haben leicht gelbliche Flügel, Raupen, die an der Rosenwurz gefressen haben, werden zu Faltern mit reinweißen Flügeln. Dieser Unterschied ist auch dort zu beobachten, wo sich die Verbreitungsgebiete beider Formen überschneiden.

Um den Hochalpen-Apollo vom Apollofalter zu unterscheiden, muss man schon sehr genau hinschauen: Der Hochalpen-Apollo hat im Gegensatz zum Apollo deutlich geringelte Fühler. An der Waldgrenze überlappen sich die Lebensräume der beiden europaweit streng geschützten Arten und es kommt bisweilen zu Kreuzungen. Aufgrund dieser Tatsachen streiten sich die Biologen, ob dem Hochalpen-Apollo ein eigener Artrang zusteht oder er nur als Unterart des Apollofalters zu betrachten ist. Seiner Schönheit tut das keinen Abbruch.

Apollo

Vom Leben in den Baumkronen – die Schillerfalter im Lebensraum Auwald

Wer meint, prächtig schillernde Schmetterlinge fliegen nur in den Tropen, irrt gewaltig. Auch wenn sie nicht die Größe tropischer Arten erreichen, gibt es auch in Europa wunderschön farbenprächtige, metallisch glänzende Schmetterlinge wie zum Beispiel Schillerfalter. Das kräftige Dunkelblau der Männchen ist eine Besonderheit. Es kommt nicht durch chemische Farbpigmente zustande, sondern ist eine Struktur- oder Interferenzfarbe. An winzigen Strukturen der Flügelschuppen wird das Licht gebrochen, und das reflektierte Licht nimmt unser Auge als irisierende, schillernde Interferenzfarbe wahr. Allerdings interferieren die Schuppen nur bei einem bestimmten Winkel. Aus anderen Winkeln betrachtet, bleiben die Farben stumpf und die Flügel der Schillerfalter-Männchen sind plötzlich wie die der Weibchen in unterschiedlichen Brauntönen gefärbt.

In Mitteleuropa kommen zwei Schillerfalter vor, der **Kleine Schillerfalter** *(Apatura ilia)* und der **Große Schillerfalter** *(Apatura iris)*. Sie unterscheiden sich nicht wesentlich in der Größe, aber in der Musterung. Der Kleine Schillerfalter hat auf den Vorderflügeln einen deutlichen Augenfleck, der dem Großen Schillerfalter fehlt. Letzterer hat auf dem weißen Band der Hinterflügel einen weißen Zahn. Den Kleinen Schillerfalters gibt es in zwei verschiedenen Farbvarianten: In der einen Variante dominieren bei den reinblau schillernden Männchen schwarze und weiße Töne, die andere hat eine braune Grundfärbung mit gelben Flecken und schillert violett und blau. Die Weibchen beider Farbvarianten unterscheiden sich durch ihre weißen oder gelben Flecke.

Kleiner Schillerfalter

STINKENDE VORLIEBEN

Beide heimischen Schillerfalter fliegen in Auwäldern und luftfeuchten Mischwäldern, und zwar meistens hoch oben in der Kronenregion der Bäume, wo sie auch gerne einen Mittagsschlaf halten. Dazu hängen sie sich mit zusammengeklappten Flügeln an einen Zweig. Plötzlich ist nichts mehr von der schillernd blauen Pracht der Männchen zu sehen. Die Unterseite der Flügel ist in Braun- und Weißtönen gemustert und der Falter sieht mit zusammengeklappten Flügeln aus wie ein Blatt.

Mit ihrer Lebensweise in den Wipfeln der Bäume sind Schillerfalter schwierig zu beobachten. Um ihnen zu begegnen, benötigt man eine ordentliche Portion Glück, eine beträchtliche Wärmeresistenz und eine gewisse Toleranz gegenüber strengen Gerüchen. Wer sich von Letzterem nicht abschrecken lässt, kann an sehr heißen Sommertagen Schillerfalter beobachten, wie sie an Pfützen, Kot oder Aas am Wegesrand ihren Wasser- und Mineralienbedarf decken. Schmetterlingsfreunde locken die Falter auch mit stark riechendem Käse oder einfach mit dem eigenen verschwitzten Körper an. Allerdings lassen sich nur die Männchen auf solche unschönen Gerüche ein. Die Weibchen bevorzugen Süßes, nehmen Baumsäfte und süße Ausscheidungen von Blattläusen auf oder saugen an überreifem, saftigem Obst.

Für die Balz treffen sich Schillerfalter hoch über den Bäumen zum Treetopping, der Wipfelbalz. Danach legen die Weibchen über einen langen Zeitraum von mehreren Wochen ihre Eier auf der Oberseite der Blätter verschiedener Pappel-Arten und Weiden ab. Die Eiablage der Großen Schillerfalter erfolgt vorzugsweise an Sal-Weiden, aber auch anderen Weiden oder Zitter-Pappeln, die Kleinen Schillerfalter suchen Zitter-Pappeln und seltener Weiden auf.

VOM EI ZUM SCHMETTERLING – DIE METAMORPHOSE

Schillerfalter legen auf jedes Blatt nur ein einziges Ei. Andere Schmetterlinge, wie Kohlweißlinge, Trauermantel oder Großer Fuchs, legen ihre Eier in zum Teil sehr gleichmäßigen Gelegen von mehreren Eiern, sogenannten Spiegeln, ab. Schmetterlingseier stehen in ihrer Vielfalt an Formen und Farben den Imagines, also den erwachsenen Faltern, in nichts nach. Es gibt kegelige, ovale, kreisrunde und spitze Eier mit glatter, gerippter oder geriefter Oberfläche. Bei der Ablage sind die meisten Eier hell gefärbt. Im Laufe der Zeit verfärben sie sich häufig und haben dann meist eine gelbe, orange, grüne oder graue Grundfarbe, bleiben einfarbig oder werden mehrfarbig.

Schillerfalter-Eier sind gestreckt halbkugelförmig, zart gerippt und zunächst grau. Bald werden sie grün und sind auf dem Blatt kaum zu erkennen. Nach einigen Tagen wird an den Eiern des Großen Schillerfalters ein dunkelroter Ring sichtbar, der nach oben wandert und die Oberseite des Eis dunkelblau färbt. Dann steht der Schlupf der Raupe kurz bevor.

Die frisch geschlüpfte Eiraupe frisst, wie viele andere Raupen auch, zunächst ihre Eihülle, bevor die sich ans Fressen pflanzlicher Nahrung macht. Die Raupen des Kleinen und Großen Schillerfalters wandern dazu an die Spitze eines Blattes. Sie sind Einzelgänger und im Vertrauen auf ihre gute Tarnung stets auf der Blattoberseite unterwegs. Zur Ruhe ziehen sie sich auf ein eigens für diesen Zweck angefertigtes Gespinst zurück. Ihre Anwesenheit verraten die Raupen des Großen Schillerfalters lediglich durch die charakteristischen Fraßspuren: Sie fressen in das Blatt von beiden Seiten her einen Streifen bis zur Blattrippe.

Nach kurzer Zeit ist die Haut der Raupen, die aus einer festen Substanz, dem Chitin, gebildet wird und sich nicht dehnen kann, zu eng für das gefräßige Tier geworden. Deshalb wird unter der zu engen Haut eine neue gebildet. Die Raupe verharrt in einer Ruhestellung, bis die alte Haut aufreißt und sich die Raupe herauswinden kann. Schon nach der ersten Häutung zeigen die Raupen die für Schillerfalter üblichen zwei langen Kopfhörner. Ihre lang gestreckte und zum Hinterende zugespitzte Gestalt erinnert dann an eine Nacktschnecke.

Wenn der Herbst naht, wechseln die Raupen ihre Farbe, werden grau und wandern in eine Ritze der Baumborke oder schmiegen sich an eine Knospe an. Dort sind sie, nur mit einem kleinen Polster festgesponnen, Nässe, Wind und Kälte ausgesetzt. Als Frostschutz haben sie ihren Wassergehalt reduziert und Glycerin in ihren Körper eingelagert. Eine weitaus höhere Gefahr als von den winterlichen Temperaturen geht aber von hungrigen Vögeln aus, die die Raupen von den Bäumen picken.

Großer Schillerfalter (Apatura iris)
Spannweite: 6–7,5 cm. Das Männchen ist dunkelbraun mit einem intensiven blauvioletten Schiller, die Weibchen sind genauso gezeichnet, allerdings ohne den blauen Glanz. Er bevorzugt Auwälder, kommt aber im Gegensatz zum Kleinen Schillerfalter auch in Bergwäldern vor. Meist hält es sich in den Baumwipfeln auf, und kommt nur Vormittags zur Nahrungsaufnahme auf den Boden. Er saugt an feuchten Kiesstellen, saugt aber auch an Exkrementen oder an Aas. Vom Kleinen Schillerfalter unterscheidet er sich durch eine zahnförmige Ausspitzung auf der weißen Binde der Hinterflügel. Auch ist die Unterseite beider Flügel wesentlich bunter, als beim beige gefärbten Kleinen Schillerfalter
Großer Schillerfalter (Apatura iris) ♂ mit Zahn auf d. Hflgl.-Binde
Kleiner Schillerfalter (Apatura ilia) ♂ ohne Zahn auf d. Hflgl.-Binde
Die ebenfalls hellgrüne Puppe ist eine Stürzpuppe. Sie ähnelt einem zusammengerollten Blatt.
Die hellgrün gefärbte Raupe lebt auf Salweide und ist bestens darauf getarnt.

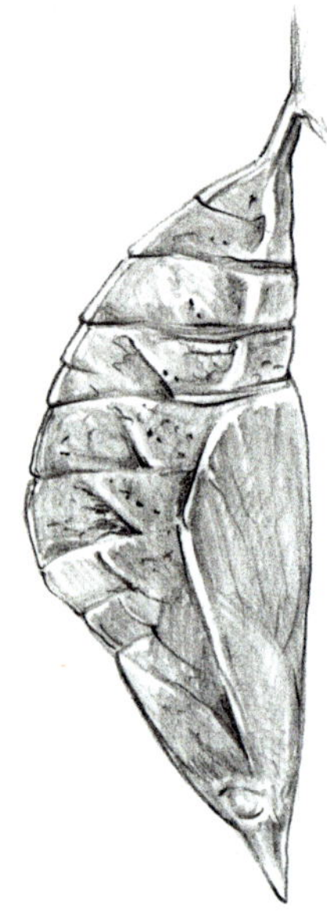

Sobald im Frühling die Knospen anschwellen, nehmen die Raupen die braune Farbe der Knospenschuppen an und beginnen, die Knospen zu fressen. Pünktlich zum Austrieb der Blätter wechseln die Raupen wiederum ihre Farbe und werden grün. Einige zarte gelbe Linien täuschen Blattnerven vor. Nach zwei weiteren Häutungen sucht sich die erwachsene Raupe im Frühsommer ein Blatt für die Verpuppung. Dort spinnt sie sich an der Unterseite fest, verliert ein wenig Farbe und häutet sich ein letztes Mal zur Puppe. Die charakteristischen Hörner der Raupe sind bei der Puppe noch in Form zweier Spitzen am Kopfende vorhanden.

Auch die grün-weißlichen Puppen mit hellen Linien sind perfekt im Blattwerk von Pappeln und Weiden getarnt. Das ist überlebenswichtig, denn Tagfalterpuppen sind nicht wie die Puppen anderer Falter im Boden verborgen oder von einem schützenden Kokon umhüllt. Schillerfalter haben Stürzpuppen, die kopfüber an der Unterlage festgesponnen sind. Andere Tagfalter wie Weißlinge und Gelblinge verbinden ihre Puppen zusätzlich mit einem Gespinstfaden um die Köpermitte, den Gürtel, mit einem Zweiglein. Solche Puppen heißen Gürtelpuppen.

Die Puppenruhe der Schillerfalter dauert knapp drei Wochen. Allerdings trifft die Bezeichnung «Ruhe» nur für den äußeren, weitgehend unbeweglichen Teil des Tieres zu. Denn im Innern der Puppe findet die Umwandlung der Raupe in den Schmetterling statt. Dafür löst sich die Raupe bis auf wenige Gewebereste auf. Aus den verbleibenden Zellen und der verflüssigten Körpersubstanz wird der Schmetterling komplett neu aufgebaut. Dieser faszinierende und immer noch nicht bis ins letzte Detail erforschte Vorgang wird von den Biologen mit dem griechischen Wort für Verwandlung «Metamorphose» genannt.

Kurz vor dem Schlupf verfärben sich die Puppen der Schillerfalter dunkelblau und die Flügel schimmern durch die dünne Puppenhülle. Bald reißt die Hülle an einer Sollbruchstelle auf, der Falter zwängt sich heraus und entfaltet seine noch weichen Flügel, indem er seine Körperflüssigkeit, die Hämolymphe, in die Flügeladern pumpt. Bis zu zwei Stunden dauert es, dann sind die Flügel erhärtet und der Schmetterling kann losfliegen.

LASST DIE SAL-WEIDEN STEHEN – KURZES PLÄDOYER FÜR EIN RAUPENFUTTER

Der Große Schillerfalter ist nicht so streng wie sein naher Verwandter an feuchte Auwälder gebunden. Er fliegt auch auf Waldlichtungen und entlang von Schneisen und Waldwegen kühlerer Laubwälder. Die wichtigste Nahrungspflanze der Raupen, die Sal-Weide, ist ein Pionierbaum, der sich an Waldsäumen in feuchten Senken ansiedelt. Besonders jüngere, wenig besonnte Sträucher in luftfeuchten Lagen sind für die Eiablage der Falter attraktiv. In einem Wald mit natürlicher oder forstlich bedingter Dynamik, die eine gute Verjüngung der Sal-Weiden zulässt, hat der Große Schillerfalter optimale Lebensbedingungen. Hingegen kann eine lokale Population sehr geschwächt werden, wenn Waldsäume mit Sal-Weiden gerodet werden. Denn fast das ganze Jahr über, rund elf Monate, verbringen Große Schillerfalter ihre Leben als Ei, Raupe und Puppe auf den Bäumen. Wenn das flugstarke Weibchen für die Ablage der Eier keine geeigneten Bäume mehr findet, muss es weit wandern, um neue Lebensräume für die Raupen zu finden. Allerdings wird das in unserer «aufgeräumten» Landschaft zunehmend schwierig. Noch ist der seltene Große Schillerfalter in Mitteleuropa weit verbreitet. Um dem Rückgang der Art Einhalt zu gebieten, müssen seine Raupenlebensräume dringend erhalten bleiben.

Hoch im Norden – Lebensraum Tundra

Kurze Sommer von wenigen Wochen, eisige Temperaturen im langen dunklen Winter, Permafrostböden, die nur oberflächlich auftauen– das sind harsche Bedingungen, wie sie nördlich des Polarkreises zwischen den borealen Wäldern der Taiga und der Eiswüste des Nordpols herrschen. Hier kann kein Wald mehr wachsen, hier wird die Landschaft von der Tundra geprägt, einer Kältesteppe mit offenen Grasfluren, sommergrünen Zwergstrauchheiden und ausgedehnten Moorflächen. Gehölze kommen nur als Zwergsträucher oder niedrig kriechende Spalierbäumchen vor. Etwas weiter südlich, wo rund um den Polarkreis auf Meereshöhe Nadelwälder vorherrschen, ist die Tundra auf die Gebirge beschränkt. Die Bergtundra wird im Norwegischen als Fjell, im Schwedischen als Fjäll und im Finnischen als Tunturi bezeichnet.

Insgesamt fliegen schätzungsweise 350 bis 400 Schmetterlingsarten in den Weiten dieser Tundren, darunter 106 verschiedene Tagfalterarten. Die meisten von ihnen kommen rund um den Nordpol im äußersten Norden Amerikas, Europas und Asiens – also zirkumpolar – vor, einige von ihnen fliegen als arktisch-alpine Arten auch in den Alpen, den Rocky Mountains oder den sibirischen Gebirgen.

ARKTISCHE WINTER SIND LANG

Eine der ersten Schmetterlingsarten, die im arktischen Frühling zu beobachten ist, ist der **Nordische Gelbling** *(Colias tyche)*. Er fliegt, je nachdem, wann der Schnee schmilzt, ab Mitte Mai bis Ende Juni, in kalten Jahren auch später. Als arktischer Falter ist er auch bei niedrigen Temperaturen unterwegs. Seine Lebensräume sind lichte Birkenwälder,

Hochmoore, Rentierweiden und steinige Zwergstrauchheiden oberhalb der Waldgrenze. An der norwegischen und russischen Polarmeerküste steigt er zuweilen bis auf Meereshöhe hinab. Wie bei einer Reihe von Schmetterlingsarten mit zirkumpolarer Verbreitung haben sich auch beim Nordischen Gelbling die geografisch voneinander isolierten Populationen im Laufe der Zeit eigenständig weiterentwickelt und werden als Unterarten getrennt. Die europäischen Falter werden zu der Unterart *C. tyche werdandi* gezählt, deren Areal von Skandinavien bis zur Taimyrhalbinsel in Mittelsibirien reicht.

Die Raupen des Nordischen Gelblings fressen vor allem an der Rauschbeere und überwintern einmal. Im Folgejahr überwintert die Puppe, aus der bei den ersten warmen Sonnenstrahlen nach dem langen Polarwinter der Falter schlüpft.

Mit meist nur einer Überwinterung als Raupe, also einer Entwicklungszeit von zwei Jahren vom Ei bis zum Falter, ist der Nordische Gelbling für arktische Schmetterlinge rasend schnell. Bedingt durch die kurze Vegetationsperiode und die niedrigen Temperaturen brauchen viele Falter weitaus länger, zum Beispiel der verwandte **Grönländische Gelbling** *(Colias hecla)*. Seine Raupen überwintern in der arktischen Tundra zweimal. Sollte der zweite Raupensommer sehr kalt und regnerisch sein, überwintert anschließend gelegentlich auch noch die Puppe. Es kann also bis zu drei Jahre dauern, ehe der Falter schlüpft. Von einigen Nachtfalterraupen der Tundra sind sogar sieben Überwinterungen bekannt. Andere Arten haben Raupen, die eine ein- bis mehrjährige Diapause durchmachen, in der die Entwicklung des Tieres komplett auch im Sommer ruht. Eine geschickte Strategie, mit der vermieden wird, dass zum Beispiel in einem kalten, nassen Sommer eine ganze Population erlischt. Dank der Raupen in der Diapause haben diese Arten stets eine Art Backup.

Der Grönländische Gelbling, der im Juli und August fliegt, ist eindeutig zu erkennen. Er ist der einzige Gelbling der Arktis mit einer leuchtend gelb-orangen Färbung. Seine Raupen fressen am Alpen-Tragant, vielleicht auch an der Rauschbeere. Der schnelle Flieger bewohnt Bergtundren und flechtenreiche Zwergstrauchtundren von der Küste bis in Höhen von 1100 Meter, in Sibirien und Nordamerika auch lichte Wälder. Er ist eine zirkumpolare Art. Inwieweit die verschiedenen Populationen in Europa und dem westlichen Sibirien, Ostsibirien, Grönland, Nordamerika und dem südsibirischen Bergland in verschiedene Gruppen zu trennen sind, ist umstritten. Die eurosibirische Form wird im Allgemeinen als Unterart *C. hecla sulitelma* betrachtet.

Falter, die mit kurzen Sommern und mit langen, eisigen Wintern gut zurechtkommen, haben wir bereits im Hochgebirge kennengelernt. Zur Vermeidung von Nahrungsengpässen ist unter diesen Umweltbedingungen die Aktivität von Raupen und Schmetterlingen besonders eng an die Phänologie der Nahrungspflanzen angepasst, also an deren Ergrünen, Blühen und Verwelken. Es ist auffällig, dass der überwiegende Teil der Falter in der Tundra in nur einem kurzen Zeitraum von wenigen Tagen fliegt, dann aber in hoher Anzahl. Der Schmetterlingskundler, der diese Arten untersuchen möchte, muss also entweder viel Glück haben und zum richtigen Zeitpunkt am richtigen Ort sein oder mit viel Geduld einige Wochen in der Tundra ausharren. Manchmal vergeblich, denn bei zu viel Kälte und Nässe schlüpfen manche Falter erst im kommenden Polarsommer.

SONNENBAD IM HOHEN NORDEN

In der Tundra ist Wärme Mangelware. Deshalb suchen viele Arten aktiv warme Mikrohabitate wie windgeschützte Flecke über dunklem Boden oder dunklen Felsen auf. Durch gezieltes Ausrichten des dunklen Körpers und der Flügel, deren Flügelschuppen dafür speziell strukturiert und angeordnet sind, wird der Körper in der Sonne rasch erwärmt. So ist es nicht verwunderlich, dass in den Tundren vergleichsweise dunkle Falter wie der **Düstere Tundra-Scheckenfalter** *(Boloria improba)* und der **Braune Tundrasamtfalter** *(Oeneis norna)* fliegen. Während der Braune Tundrasamtfalter in den Berg- und Waldtundren Europas und Asiens heimisch ist, ist der Düstere Tundra-Scheckenfalter zirkumpolar verbreitet und nur in Nordskandinavien auf die Bergtundra beschränkt. In Russland und Nordamerika fliegt er auch in der arktischen Tundra bis hinab auf Meereshöhe.

Der Düstere Tundra-Scheckenfalter ist ein recht kleiner Falter mit nur rund drei Zentimetern Flügelspannweite. Deshalb kann er mit keinem anderen Scheckenfalter in Europa verwechselt werden. Seine Raupe frisst an kriechenden Zwergweiden wie der Arktischen Weide und der Netz-Weide, jene des Braunen Tundrasamtfalters an Süß- und Sauergräsern. Sie überwintern zweimal und verpuppen sich im Frühjahr.

KEINE NACHTEULEN: DIE EULENFALTER DER TUNDRA UND TAIGA

Der arktische Sommer ist durchgehend hell, und so sind auch Nachtfalter zwangsläufig immer im Hellen unterwegs. Viele von ihnen nutzen dazu die warmen Stunden des Tages wie ***Polia lamuta***, die gerne im Sonnenschein am Abend fliegt. Die kleine Eule mit den charakteristischen schwarz geränderten Hinterflügeln ist ein Bewohner lichter Nadelwälder im Übergangsbereich von der Tundra zur Taiga. Ihre Raupen fressen wahrscheinlich an der Rauschbeere, der Heidelbeere und Birken.

Eine andere tagaktive Eule ist **Richardsons Eule** *(Polia richardsoni)*, ein kleiner Falter mit einer Flügelspannweite von nur eineinhalb Zentimetern. Die zirkumpolar verbreitete Art kommt auch in einigen wenigen Reliktpopulationen oberhalb der Baumgrenze in den Rocky Mountains vor. Die Raupen fressen an verschiedenen typisch arktisch-alpinen Arten wie dem Alpen-Säuerling, Steinbrech-Arten und Kriechweiden. Die Falter saugen gerne am Stängellosen Leimkraut, einer ebenfalls arktisch-alpin verbreiteten Pflanzenart.

Bei *Sympistis heliophila*, der **Sonnenliebenden Sympistis**, steckt der Hinweis auf ihre Tagaktivität im wissenschaftlichen Namen. Sie fliegt tagsüber in trockenen Zwergstrauchheiden und lichten Wäldern der Waldtundra im Übergangsbereich zwischen Tundra und Taiga. Die Raupen fressen an Krähenbeeren, die kleinen Falter ernähren sich wie alle Eulenfalter von Blütennektar.

Weiter südlich, in den Mooren der Taiga, fliegt die Eule ***Lasionycta secedens***. Der tag- und nachtaktive Falter ist an den grauen Vorderflügeln und den gelb-weißen Hinterflügeln leicht zu erkennen. Seine Raupen ernähren sich von der Preiselbeere.

Eine der seltensten Eulenarten der Arktis ist die **Borealiseule** *(Xestia borealis)*. Über die europarechtlich streng geschützte Art ist nur wenig bekannt.

ÜBERWINTERUNG AUF EINEM BLOSSEN STEIN

Ähnlich selten ist der **Arktische Bär** *(Arctia alpina)*. Die Art wurde 1799 von einem italienischen Reisenden, Guiseppe Acerbi, entdeckt und erst 120 Jahre später wiedergefunden. Wenige weitere Einzelexemplare konnten im 20. Jahrhundert in Europa und Nordamerika gefangen werden. Inzwischen kennt man die Fluggebiete des großen bunten Bärenfalters mit einer Flügelspannweite um 45 Millimeter etwas besser. Der Arktische Bär fliegt in drei verschiedenen, geografisch getrennten Unterarten im nördlichen Skandinavien, in Nordsibirien sowie in Alaska und im nördlichen Kanada. Im südlichen Sibirien und in der Mongolei ist die Art auf die Bergregionen beschränkt.

In vielen Schmetterlingsbüchern wird die Art unter der Gattung *Acerbia* aufgeführt, benannt nach ihrem Entdecker. Molekulargenetische Untersuchungen des ganzen Verwandtschaftskreises haben aber ergeben, dass die Gattung *Acerbia* in die Gattung *Arctia* einzureihen ist.

Für die Überwinterung sucht sich die Raupe des Arktischen Bären einen gut besonnten Stein, auf dem sie ihr Puppengespinst anfertigt. Das ist ungewöhnlich für Bärenspinner, die sich normalerweise gut versteckt unter einem Stein am Boden verpuppen. Angesichts der fast durchgehend gefrorenen Böden der Arktis wäre das aber keine gute Idee. Die Verpuppung an früh schneefreien Stellen ermöglicht einen zeitigen Start in die ohnehin nur kurze Saison. Vorausgesetzt, die Puppe verträgt stark schwankende Temperaturen und verfügt über einen guten Schutz gegen Austrocknung einerseits und gegen Frost andererseits. Denn gerade im Frühjahr fallen in klaren Nächten die Temperaturen stets auf zweistellige Minusgrade. Deshalb reichern arktische Falter und Raupen in ihrer Hämolymphe, der Körperflüssigkeit, Glyzerin oder das Disaccharid Trehalose an und reduzieren im Winter zusätzlich den Wassergehalt in ihrem Körper. Damit verhindern sie, dass sich in der Hämolymphe zerstörerische Eiskristalle bilden. In der Arktis ist ein guter Frostschutz übrigens nicht nur in der kalten Jahreszeit überlebenswichtig. Auch im Sommer fallen die Temperaturen mitunter unter den Gefrierpunkt und immer wieder kann es schneien.

Die Raupen ernähren sich von verschiedenen Pflanzenarten, zum Beispiel dem Löwenzahn, der am Boden kriechenden Kraut-Weide und verschiedenen Heidelbeer-Arten. Die Raupen des nah verwandten **Lappländischen Bären** *(Arctia lapponica)* bevorzugen neben der Rauschbeere die Zwerg-Birke und die Moltebeere, eine Brombeerart.

Bedrohte Vielfalt – Lebensraum tropischer Regenwald

Tropische Regenwälder sind Zentren der Artenvielfalt. In keinem Ökosystem der Erde kommen mehr Tier- und Pflanzenarten vor als in den einzigartigen dichten Urwäldern der «grünen Hölle», die sich in den feuchten Tropen beiderseits des Äquators entwickelt hat. Auch ein Großteil der rund 175 000 bekannten Schmetterlingsarten kommt hier vor. Das ist nicht verwunderlich, bieten doch die feuchten und warmen Regenwälder mit ihrem Reichtum an immergrünen und ganzjährig blühenden Pflanzenarten eine schier unerschöpfliche Nahrungsquelle für Raupen und für Falter. Der Schmetterlingskundler, der einen ganzen Tag lang durch einen tropischen Regenwald streift, wird viele, viele Falterarten sehen, deren Reichtum an Farben und Formen kaum zu überbieten ist. Dabei wird ihm vielleicht kaum auffallen, dass er den meisten Arten nur ein- oder zweimal, selten vielleicht drei- oder viermal begegnet.

Auffällig sind natürlich große und bunt schillernde Arten wie die prächtigen Morphofalter aus der Familie der Edelfalter mit Flügelspannweiten bis zu 20 Zentimetern. Viele *Morpho*-Männchen schillern leuchtend grün, hell- oder dunkelblau. Wie bei den heimischen Schillerfaltern interferiert das Licht an feinsten Strukturen auf den Flügelschuppen.

Der Morphofalter ***Morpho cypris*** fliegt in den tropischen Regenwäldern Mittelamerikas und im Norden Südamerikas, der sogenannten Neotropis. Nur die Männchen sind lebhaft himmelblau gefärbt, die Weibchen haben braune Flügeloberseiten. Die helle Musterung auf den Oberseiten der Flügel ist bei beiden Geschlechtern identisch, genauso die unscheinbare hellbraune Tarnfarbe und die Zeichnung der Flügelunterseiten.

Eine andere Morphofalter-Art, ***Morpho aega***, zeichnet sich durch blaue Flügel ohne Musterung aus, lediglich die Vorderflügel sind schwarz gerandet. *Morpho aega* gehört zu den wenigen Arten, bei denen gelegentlich auch blau schillernde Weibchen auftreten. Sie fliegen meistens um die Mittagszeit und legen ihre Eier auf der Blattoberseite verschiedener Schmetterlingsblütler ab. Es dauert etwa vier Monate, bis sich die gelben, behaarten Raupen mit rotbrauner Zeichnung auf eine Länge von neun Zentimetern herangefressen haben und anschließend verpuppen.

Es ist übrigens nicht leicht, fliegende Morphofalter im Blick zu behalten. Sie fliegen zwar gerne an offenen Stellen, wie zum Beispiel entlang von Flüssen, Straßen und Wegen. Aber mit ihrer unscheinbaren Flügelunterseite sind sie bei ihrem schnellen Flug nur schwer zu orten. Die leuchtend blaue Flügeloberseite blitzt nur für kurze Zeit auf. Kaum setzt sich der Falter, verschmilzt er mit seiner Umgebung. Nur selten kommt der Falter auf den Boden, um an überreifen, gärenden Früchten zu saugen.

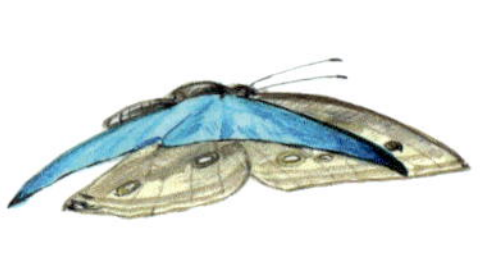

JOBMOTOR UND SCHUTZFAKTOR: TROPISCHE SCHMETTERLINGSFARMEN

Wo einst in großem Stil Schmetterlingsjäger den wunderschönen Faltern nachstellten, um sie an Sammler in Nordamerika und Europa zu verkaufen, werden heute in speziellen Farmen tropische Schmetterlinge gehalten. Eine Reihe von Arten lässt sich gut in Gefangenschaft vermehren, sodass die Puppen, gut geschützt verpackt, in Schmetterlingsgärten in alle Welt verschickt werden können. In einem Gewächshaus mit Temperaturen um 30 Grad Celsius und einer hohen Luftfeuchtigkeit lässt sich der Schlupf eines tropischen Falters, das Aushärten der Flügel, der Flug und die Nahrungsaufnahme ganz aus der Nähe betrachten. Man muss also heute nicht mehr in die tropischen Regenwälder Mexikos, Mittelamerikas oder Südamerikas reisen, um den kräftigen, schnellen Flug der vielerorts selten gewordenen Morphofalter zu beobachten.

Verantwortungsvolle Schmetterlingsgärten beziehen ihre Puppen aus zertifizierten Farmen. Das sind meistens kleine Familienbetriebe, die für die Menschen vor Ort eine unabhängige, kleinbäuerliche Existenz ermöglichen. Zertifizierte Farmen sammeln weder Eier noch Raupen in der Natur. Für die Eiablage werden die Weibchen in einen Käfig mit den Nahrungspflanzen der Raupen gebracht und anschließend wieder freigelassen. Die Raupen wachsen geschützt vor Fressfeinden bis zur Verpuppung in dem Käfig auf.

Schmetterlingsfarmen tragen dazu bei, wertvolle Lebensräume zu erhalten und die Menschen für Naturschutz und nachhaltige Wirtschaft zu sensibilisieren. Nur im intakten Wald können die Sammler die «fliegenden Früchte» des Regenwaldes ernten. Viel zu oft aber müssen sich Schmetterlingsfarmen Großkonzernen entgegenstellen, die den Wald und seine Tiere seit Jahrzehnten trotz aller Proteste für die Gewinnung von Holz und Weideflächen oder den Anbau von Ölpalmen, Viehfutter und Energiepflanzen zerstören.

Eine Faltergruppe mit ebenfalls auffällig schillernden Flügeln sind die Würfelfalter (Riodinidae). Im Englischen heißen sie aufgrund der metallischen Flügelfärbung *metalmarks*. Der Verbreitungsschwerpunkt dieser Familie mit gut 1500 Arten ist wie bei den Morphofaltern die Neotropis. Auch in dieser Familie sind meistens nur die Oberseiten der Flügel auffällig bunt und die Unterseiten braun. Bei ***Semomesia croesus*** aber, die im Amazonasgebiet heimisch ist, sind bei den Männchen Flügeloberseiten und Unterseiten leuchtend blau gefärbt. Die Oberseite ziert zusätzlich ein schwarzes Streifenmuster, auf den Vorderflügeln sind auffällige Augenflecke. Das Weibchen ist wie üblich unscheinbar braun und legt seine Eier einzeln an Brechstrauch-Arten aus der Familie der Rötegewächse ab. *Semomesia croesus* fliegt im Primärregenwald in einer Höhe zwischen 100 und 800 Metern.

Hoch oben im Kronendach des tropischen Regenwaldes entzieht sich der farbenprächtige ***Agrias aedon*** die meiste Zeit seines Lebens den Blicken und Netzen der Schmetterlingskundler. Der seltene Edelfalter, der in den tropischen Regenwäldern Mittelamerikas, Kolumbiens und Venezuelas beheimatet ist, kommt nur gelegentlich auf den Boden, um an Früchten und Exkrementen zu saugen. Dann klappt er seine Flügel zusammen und ist aufgrund der braunen Flügelunterseiten mit einem Mal bestens getarnt.

Die Männchen zeigen ein ausgeprägtes Territorialverhalten und vertreiben Konkurrenten, die sich ihrem Revier nähern. Die Weibchen hingegen werden gezielt angelockt, und zwar mit ganz spezifischen Duftstoffen, den Pheromonen. Für deren Produktion haben die Männchen Drüsen, die unter den gut sichtbaren gelben büschelförmigen Duftschuppen auf den Hinterflügeln liegen. Die Duftstoffe werden von den Weibchen schon in geringster Konzentration wahrgenommen und weisen ihnen den Weg zum Partner.

Eine Besonderheit unter den tropischen Schmetterlingen sind einige Tagfalter, die teilweise oder komplett durchsichtige Flügel haben. Die Gattung *Greta* hat es dabei zur Perfektion getrieben: Feinste Nanostrukturen auf ihren unbeschuppten Flügeln verhindern, dass sich das Licht an der Oberfläche spiegelt. Die Schmetterlinge fliegen quasi durchsichtig durch den Regenwald. Nicht ganz so durchsichtig, aber mindestens genauso so schön sind die Augenfalter der Gattung *Cithaerias*, die in den tropischen Regenwäldern der Neuen Welt vorkommt. Die Arten mit im unteren Teil rosa gefärbten Hinterflügeln wie die abgebildete ***Cithaerias aurorina*** sind recht schwierig zu unterscheiden.

Ihre Raupen fressen an Nachtschattengewächsen. Gegen deren hochgiftige Alkaloide sind sie immun. Sie reichern die Alkaloide in ihrem Körper an und werden dadurch selbst giftig, ein Phänomen, das uns bei Schmetterlingen immer wieder begegnet. Die männlichen Falter nehmen mit dem Nektar bestimmter Pflanzen ebenfalls gezielt Giftstoffe auf, und zwar sogenannte Pyrrolizidinalkaloide. Sie geben diese Stoffe an die Weibchen weiter, die sie wiederum nutzen, um die Eier für potenzielle Fressfeinde ungenießbar zu machen. Außerdem verwenden die Männchen die Pyrrolizidinalkaloide als Vorstufe ihrer Pheromone. Auch dieses Phänomen ist bei Faltern verschiedener Verwandtschaftskreise bekannt.

Urania leilus ist eine in den gleichmäßig warmen feuchten Tieflandregenwäldern von Costa Rica bis in das Zentrale Südamerika verbreitete Art, die als Wanderfalter zuweilen bis auf die Kleinen Antillen fliegt. Der Falter fliegt morgens und abends, an bewölkten Tagen auch den ganzen Tag über. Leichter Regen stört ihn nicht, nur wenn ein tropischer Guss herniederkommt, setzt er sich und klappt die Flügel zusammen. Schmetterlingsflügel lassen sich aufgrund der Anordnung der Schuppen nicht mit Wasser benetzten. Die feinen Schuppen stehen zu eng aneinander und sind zusätzlich – wie bei den Blättern der Lotosblume – mit feinsten Nanostrukturen versehen, sodass Wasser aufgrund seiner Oberflächenspannung die Flügel nicht durchnässen kann. So ist ein Schmetterling stets zum Fliegen bereit, sobald der Regen aufgehört hat.

Die Raupen von *Urania leilus* fressen an Brechwurz-Arten, das sind strauchige Wolfsmilchgewächse der Gattung *Omphalaea*. Der dunkle Falter mit türkis schillernden Streifen auf den Flügeln gehört zur Familie der Uraniidae, einer kleinen Nachtfalterfamilie, die in den Tropen Zentral- und Südamerikas, Südostasiens, des nördlichen Australien sowie auf Madagaskar vorkommt.

Der tropische Regenwald reicht vom Tiefland bis in Höhen über 2000 Meter, wo in Äquatornähe trotz der Höhe noch dichte Wälder wachsen können. Die Bergregenwälder sind weniger hochwüchsig als die Tieflandregenwälder, ihre Artenvielfalt aber steht den Tieflandregenwäldern in nichts nach, im Gegenteil. Tropische Bergwälder sind die artenreichsten Lebensräume der Erde. Hier fliegt der attraktive Bärenfalter ***Anaxita decorata***, der in den Gebirgen Mexikos und Guatemalas heimisch ist.

Die meisten der weit über 20 000 bekannten Spanner-Arten sind nachtaktive und häufig unscheinbar gefärbte Falter. Allerdings gibt es Ausnahmen, und auch hier wird man in den Tropen fündig. Die in Papua-Neuguinea heimische ***Milionia plesiobapta*** fliegt am Tag und ist, wie die meisten Vertreter ihrer Gattung, auffällig bunt gefärbt. Die Gattung, von der immer noch neue Arten beschrieben werden, ist in Ostasien und Australien verbreitet.

NATURWISSENSCHAFTLICHE SAMMLUNGEN GESTERN UND HEUTE

Prächtige tropische Schmetterlinge waren einst ein großer Anziehungspunkt naturkundlicher Schausammlungen. Heute, wo wir uns überall und jederzeit hervorragende Fotos und Filme tropischer Insekten anschauen können, wirken diese Sammlungen fein säuberlich präparierter und aufgespießter toter Tiere vielleicht ein wenig skurril. Doch für die Wissenschaft sind sie von unschätzbarem Wert. Genauso wertvoll wie die Tiere selbst sind die Daten, die mit ihnen verknüpft sind und Auskunft über den Fundort und das Sammeldatum des Tieres geben. Sie wurden und werden immer noch minutiös auf kleinen Etiketten festgehalten und sind eine wichtige Grundlage wissenschaftlicher Arbeiten.

Auch heute ist es notwendig, Pflanzen und Tiere im natürlichen Lebensraum für wissenschaftliche Zwecke zu sammeln und zu dokumentieren. Das ist naturschutzfachlich problemlos, solange man mit der nötigen Achtsamkeit vorgeht. Durch angemessenes Sammeln wird weder der Bestand einer Population gefährdet noch eine Art ausgerottet! Egal ob im heimischen Naturschutzgebiet oder im tropischen Regenwald: Der Grund für das Aussterben von Arten ist die massive Vernichtung von Lebensräumen. Jährlich werden tropische Regenwälder mit all ihren Tieren und Pflanzen auf einer Fläche von mindestens 60 000 Quadratkilometern zerstört – das ist die eineinhalbfache Fläche der Schweiz oder ein Dreiviertel der Fläche Österreichs.

Die Vernichtung von Lebensräumen ist kein alleiniges Problem der Tropen. Weltweit werden Land- und Forstwirtschaft intensiviert und Flächen versiegelt. Da fällt es nicht ins Gewicht, wenn Naturforscher einzelne Pflanzen und Tiere vom Wildstandort entnehmen. Es wird aber immer schwieriger, naturkundliche Sammlungen zu ergänzen und auszubauen, nicht nur, weil viele Tier- und Pflanzenarten selten geworden sind. In fast allen Ländern müssen inzwischen für das Sammeln von Pflanzen wie Tieren Genehmigungen eingeholt werden und es gilt, Schutzgebiete und geschützte Arten zu beachten. Jede Sammelreise ist also mit einem Haufen Papierkram verbunden.

Das hat aber nicht nur naturschutzfachliche Gründe. 1992 trat in Rio de Janeiro die Biodiversitätskonvention in Kraft, die jedem Land die Rechte über seine genetischen Ressourcen zusichert, also die Rechte an den dort heimischen Pflanzen, Tieren, Pilzen und Mikroorganismen. Jedes Land ist frei zu entscheiden, wem, für welche Zwecke und zu welchen Bedingungen es seine genetischen Ressourcen zur Verfügung stellt. Hintergrund dieser Regelungen ist die Tatsache, dass in der Vergangenheit immer wieder Unternehmen aus reichen Industriestaaten auf der Grundlage von Pflanzen oder Tieren aus ärmeren Ländern Produkte mit hohen Gewinnmargen entwickelt haben, ohne die Herkunftsländer an diesen Gewinnen zu beteiligen.

Nun, Wissenschaftler oder Schmetterlingsfreunde sammeln nicht Schmetterlinge, um damit wirtschaftliche Gewinne zu erzielen. Trotzdem müssen auch sie sich an die völkerrechtlich verbindlichen Regelungen halten. Nicht zuletzt deshalb, weil sich naturwissenschaftliche Sammlungen inzwischen sehr schwer damit tun, Tier- und Pflanzensammlungen ohne die notwendigen Genehmigungen anzunehmen. Wissenschaftler müssen ihre Forschungsobjekte in einer öffentlichen Institution deponieren, und auch viele Schmetterlingsfreunde möchten eines Tages ihre wertvolle Sammlung in guten Händen einer wissenschaftlichen Einrichtung wissen. Sie alle tun also gut daran, sich mit den Regelungen zum Zugang zu genetischen Ressourcen im In- und Ausland vertraut zu machen.

Ein großer tropischer Schmetterling, der in kaum einer naturkundlichen Sammlung fehlt, ist der **Indische Mondspinner** *(Actias selene)* aus der Familie der Pfauenspinner (Saturniidae). Das Areal der weit verbreiteten paläotropischen Art reicht von Indien bis nach Japan und den ostasiatischen Inseln, wo sie bis in Höhen über 3000 Meter in den Bergregenwäldern vorkommt. Wie alle Pfauenspinner hat auch der Indische Mondspinner auf jedem Flügel einen Augenfleck. Charakteristisch sind die zu langen Schwänzen ausgezogenen Hinterflügel. Sein Rüssel ist verkümmert, er kann keine Nahrung mehr aufnehmen. Die Männchen sind besonders kurzlebig und sterben schon nach ein oder zwei Tagen. Vielleicht haben sie es vorher geschafft, ein Weibchen zu begatten, das in seinem Körper dann ein Samenpaket des Männchens trägt. Die Spermien wandern aus dem Samenpaket in die Samentasche. Von dort aus werden die Eier direkt vor der Eiablage befruchtet. Die Weibchen leben deutlich länger als die Männchen.

Große Falter legen häufig auch große Eier. Im Fall des Indischen Mondspinners sind sie rund zwei Millimeter im Durchmesser. Aus ihnen schlüpfen nach rund zwei Wochen die Raupen, die an verschiedenen Baum- und Straucharten fressen. Die Raupen sind relativ einfach zu halten, ihre Verpuppung verläuft problemlos und die schönen Falter lassen sich auch in Gefangenschaft vermehren. So ist es nicht verwunderlich, dass der Indische Mondspinner eine beliebte Art für den Einstieg in die Haltung von Schmetterlingen ist.

PASSIONSBLUMEN UND IHRE FALTER

Pflanzen können nicht vor Fressfeinden weglaufen. Sie müssen andere Strategien entwickeln, um kleine und große Tiere fernzuhalten. Die wahrscheinlich wichtigste ist uns bereits begegnet: Viele Pflanzen produzieren vor allem in ihren Blättern und Stängeln giftige Stoffe. Diese Art der Abwehr nutzen auch die überwiegend in der Neotropis verbreiteten Passionsblumen. Sie enthalten blausäurehaltige Verbindungen und verschiedene Alkaloide. Für die meisten Tiere kommen deshalb Passionsblumen als Futter nicht in Frage. Einige aber, wie Raupen der Passionsblumenfalter *Heliconius* und einiger verwandter Gattungen, sind gegen die Gifte immun. Sie haben Enzyme, die die Gifte aufspalten und zu neuen, eigenen Giftstoffen umbauen. Damit werden die Raupen ihrerseits für potenzielle Fressfeinde ungenießbar. Weil Konzentration und chemische Zusammensetzung der Giftstoffe in den Passionsblumen artspezifisch sind, sind die Heliconienfalter meistens auf eine oder wenige Passionsblumen spezialisiert – andere Passionsblumen-Arten sind für sie genauso giftig wie für andere Tiere.

Heliconius-Falter und Passiflora in Koevolution

Um die Heliconius-Weibchen bei der Suche nach einem Eiablageplatz zu täuschen, haben die Blattformen der Passionsblumen eine Mannigfaltigkeit an Formen hervorgebracht.

Nektarien

ovales Blatt, Costa Rica

Nektarien

handförmiges Blatt

dreilappiges Blatt

Ei-Attrappen

geflügeltes Blatt mit falschen Eiern

Heliconius doris doris?
Unterseite, Weibchen
bei der Eiablage.

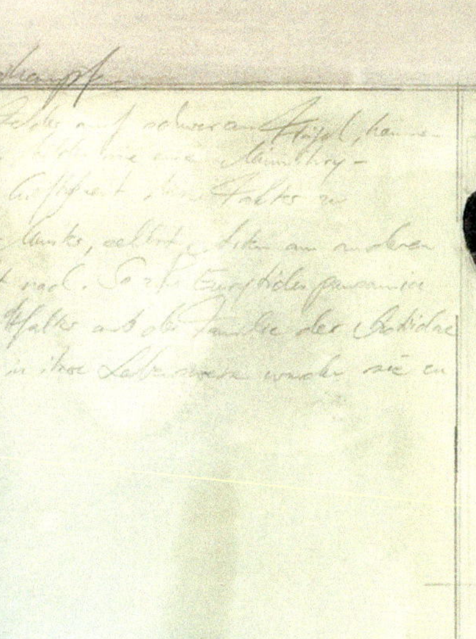

Heliconius doris doris ♂ L.

Heliconius doris f. transiens ♂ L.

Heliconius sara sprucei ♂ Bates

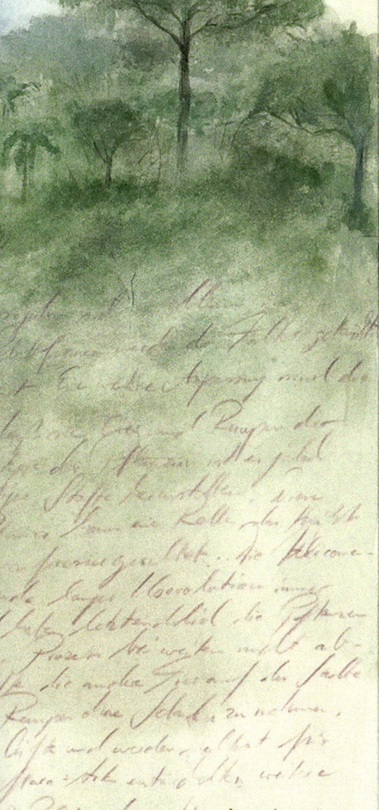

Heliconius wallacei flavescens ♂ Weym.

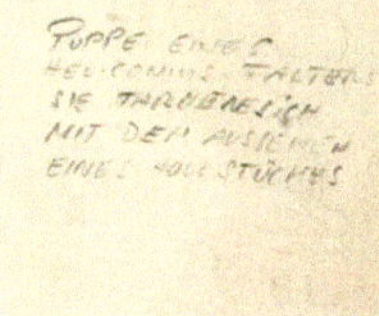

Eurytides pausanias ♂ Hew. Papilionid.
JOHANN BRANDSTETTER

Die Giftstoffe der Raupe verbleiben in der Puppe, die sich als trockenes Blatt tarnt, und landen schließlich im Körper des Falters, der genauso scheußlich schmeckt wie die Raupen. Jeder Vogel, der einmal solch einen Widerling probiert hat, merkt sich das und lässt fortan diese Schmetterlinge lieber fliegen. Um dem Vogel das Erinnern zu erleichtern, haben die Heliconienfalter wie viele andere giftige oder ungenießbare Tiere eine Warntracht mit auffälligen Mustern und Farben. Sie sind also das komplette Gegenteil zu den unscheinbaren, bestens getarnten Faltern, die sich als Leckerbissen besser verstecken. Für die Ausbildung einer solchen Warntracht gibt es einen Fachbegriff – die Verhaltensbiologen sprechen von Aposematismus. Der Aposematismus des in den Regenwäldern Zentral- und Südamerikas weit verbreiteten Passionsblumenfalters ***Heliconius sara*** sind kontrastreich gemusterte Flügel: Der obere Teil der schwarzen Vorderflügel wird von kräftigen cremeweißen Binden unterbrochen, der untere Teil der Vorderflügel schimmert wie die schwarz gerandeten Hinterflügel leuchtend blau.

Heliconius sara subsp. *sprucei*

Die Falter saugen Nektar an duftenden Blüten verschiedener Pflanzengattungen, zum Beispiel an den hierzulande als Zierpflanzen bekannten Wandelröschen. Zusätzlich haben sich Passionsblumenfalter eine für Falter ungewöhnliche Nahrungsquelle erschlossen: Sie sammeln Pollen. Pollen ist eiweißreich und versorgt die Tiere mit notwendigen Aminosäuren. Die gute Ernährung ermöglicht den Weibchen, viele Eier zu produzieren, und ist ein wesentlicher Grund für die lange Lebensdauer von Passionsblumenfaltern. Manche Arten können bis zu neun Monate alt werden, das ist für die meist kurzlebigen Schmetterlinge ein enormes Alter.

GEMEINSAME WARNTRACHT

Dem aufmerksamen Beobachter bleibt nicht verborgen, dass sich die blau-schwarzen Passionsblumenfalter mit weißem Muster, die zum Beispiel in Kolumbien und Peru fliegen, minimal unterscheiden. Mal sind die Flügel länger ausgezogen, mal rundlicher, mal ist die helle Binde auf dem Vorderflügel stärker, mal schwächer ausgeprägt. Es handelt sich bei diesen leicht in Form und Muster variierenden Faltern um verschiedene Arten. Aber mit ihrer Uniformität signalisieren sie jedem Vogel, der schon einmal mit einem Vertreter aus ihrer Runde die Bekanntschaft gemacht hat: «Ich bin giftig, ich schmecke scheußlich, friss mich nicht!» Diese spezielle Form der Nachahmung wird Müllersche Mimikry genannt. Eigentlich ist es keine Mimikry, die der deutsche Biologe Müller Mitte des 19. Jahrhunderts eingehend untersucht und beschrieben hat, sondern eine gemeinsame einheitliche Signaltracht, die sich in unserem Beispiel die Passionsblumenfalter im Laufe ihrer gemeinsamen Entwicklung, der Koevolution, zugelegt haben. Hier profitieren gleich mehrere Schmetterlingsarten davon, dass ein Vogel aufgrund einer schlechten Erfahrung in Zukunft die ganze Gruppe ähnlich aussehender Arten in Ruhe lässt.

Heliconienfalter sind wahre Spezialisten Müllerscher Mimikry. In verschiedenen Regionen der Neotropis gibt es Arten, die ganze Mimikry-Ringe bilden und mal rot, mal blau oder mal bunt sind – aber in einer Region sind sie stets einheitlich. So sehen sich die blau-schwarzen ***Heliconius sara* subsp. *sprucei***, ***H. wallacei* subsp. *flavenscens*** und ***Laparus doris* subsp. *doris*** zum Verwechseln ähnlich. Bei weit verbreiteten Arten wie bei *Laparus doris* gibt es rund ein halbes Dutzend solch regionaler Varianten. So gibt es neben der eben erwähnten Unterart *doris* mit blauen Flügeln die Unterart ***transiens*** mit roten Flügeln. Andere Unterarten unterscheiden sich in den weißen Flecken und Binden, die mal kräftiger, mal schwächer und schmaler sind.

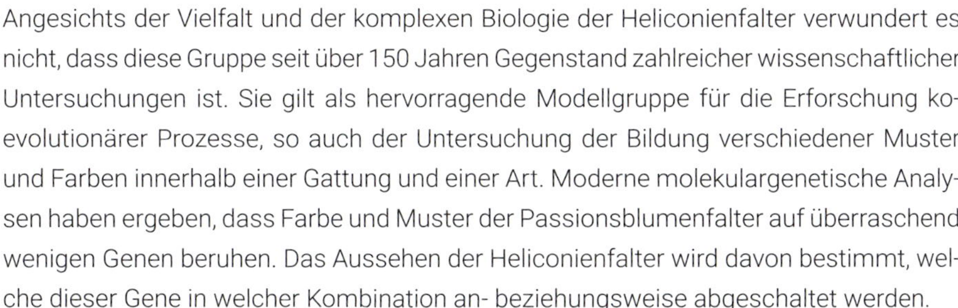

Angesichts der Vielfalt und der komplexen Biologie der Heliconienfalter verwundert es nicht, dass diese Gruppe seit über 150 Jahren Gegenstand zahlreicher wissenschaftlicher Untersuchungen ist. Sie gilt als hervorragende Modellgruppe für die Erforschung koevolutionärer Prozesse, so auch der Untersuchung der Bildung verschiedener Muster und Farben innerhalb einer Gattung und einer Art. Moderne molekulargenetische Analysen haben ergeben, dass Farbe und Muster der Passionsblumenfalter auf überraschend wenigen Genen beruhen. Das Aussehen der Heliconienfalter wird davon bestimmt, welche dieser Gene in welcher Kombination an- beziehungsweise abgeschaltet werden.

GIFTIGE VORBILDER

Den scheußlichen Geschmack der Heliconienfalter macht sich ein anderer, ungiftiger Schmetterling aus der Familie der Ritterfalter (Papilionidae) zunutze. ***Mimoides pausanias* subsp. *pausanias*** imitiert die blauschwarzen peruanischen Heliconien in einer solchen Perfektion, dass weder ein Vogel noch ein geübter Schmetterlingskundler ihn im Flug kaum von den giftigen Vorbildern unterscheiden können. Er spart sich den ganzen Aufwand mit der Aufnahme giftiger Substanzen und vertraut auf seine Warntracht. Das funktioniert aber nur so lange, wie genügend ungenießbare Heliconienfalter fliegen, anhand derer die Vögel lernen können.

Die Nachahmung eines giftigen Tieres zum Eigenschutz ist die häufigste und bekannteste Form der Mimikry. Sie wird nach dem Forscher, der dieses Phänomen als Erster eingehend studiert hat, dem 1925 geborenen englischen Evolutionsbiologen Henry Walter Bates, als Batessche Mimikry bezeichnet.

Mimikry ist beileibe nicht nur Tieren vorbehalten. Mit der gleichen Raffinesse können auch Pflanzen täuschen und tricksen, um sich zu schützen. Weil die Gifte der Passionsblumen-Arten *Heliconius*-Raupen nicht davon abhalten, die Blätter zu fressen, setzen die Pflanzen einen Schritt früher an und versuchen, die Eiablage auf ihren Blättern zu verhindern. Sie tun das, indem sie auf ihren Blättern Eiattrappen bilden, die einem *Heliconius*-Ei täuschend ähnlich sehen. Dabei machen sie sich eine Eigenschaft der Raupen zunutze: Die Raupen sind strikte Einzelgänger und dulden keine anderen auf «ihrer» Pflanze. Selbst ungeschlüpfte Artgenossen werden kurzerhand mitsamt Eihülle verspeist. Deshalb prüft ein *Heliconius*-Weibchen vor der Eiablage ganz genau, ob sich auf dem Blatt bereits Eier befinden. Findet es welche, fliegt es lieber weiter, um seinen Nachwuchs nicht zu gefährden. Zuweilen muss es lange suchen, denn, wie bereits erwähnt, ist jede *Heliconius*-Art auf eine ganze bestimmte Passionsblumen-Art spezialisiert. Und mit den Eiattrappen wird die Suche nach einer geeigneten Pflanze für die Eiablage nicht einfacher.

Doch nicht alle Heliconienfalter lassen sich irritieren. So muss eine weitere Maßnahme her, um die Falterweibchen zu täuschen. Und die ist vergleichsweise einfach: Einige Passionsblumen-Arten sind dazu übergegangen, nicht mehr wie eine Passionsblume auszusehen. Eine einzelne Pflanze kann derart vielgestaltige Blätter haben – ungeteilt, geteilt, gelappt, herzförmig, pfeilförmig –, dass zumindest auf den ersten Blick nicht nur *Heliconius*-Weibchen, sondern auch Botaniker irritiert sind.

SÜSSES FÜR DEN WACHSCHUTZ

Es lohnt sich, die Eiattrappen genauer anzuschauen. An ihrem Grund befinden sich Drüsen, die einen süßen Nektar ausscheiden. Dieser lockt Ameisen an, Ameisen sind Süßschnäbel. Und sie können ziemlich aggressiv sein. Sie sorgen dafür, dass sich kein Falter zur Eiablage auf «ihr» Blatt setzen und keine Raupe an ihm knabbern kann. Damit profitieren die Passionsblumen von der Ameisenpolizei und die Ameisen vom süßen Futter, das ihnen die Pflanze zur Verfügung stellt. Solch ein Zusammenleben, aus dem beide Partner einen Nutzen ziehen, wird Symbiose genannt.

SYMBIOSEN – MOTOR DER EVOLUTION

Für Symbiosen gibt es unzählige Beispiele: Blüten und Bestäuber, Früchte und Tiere, die die darin enthaltenen Pflanzensamen ausbreiten, sich gegenseitig schützende Korallen und Clownfische oder Flechten als Lebensgemeinschaft von Pilzen und Algen, um nur einige wenige zu nennen. Auch die Evolution der Pflanzen, die das Leben auf der Erde in der heutigen Form erst ermöglicht hat, geht auf eine Symbiose zurück: Vor Millionen von Jahren wurde ein Bakterium, das in der Lage war, Fotosynthese zu betreiben und damit mithilfe der Lichtenergie und Kohlendioxid Zucker zu synthetisieren, von einem anderen Bakterium aufgenommen. Die Chloroplasten, also die Zellorganellen, mit denen die Pflanzen Fotosynthese betreiben, gehen auf dieses einst aufgenommene Bakterium zurück.

Das Zusammenleben von Organismen erleichtert oder ermöglicht es Arten, Lebensräume zu erschließen, in denen die einzelne Art für sich alleine nicht bestehen könnte. Symbiosen sind also eine wichtige, wenn nicht DIE wichtigste Triebfeder der Entstehung der Artenvielfalt auf unserem Planeten. Unsere komplexen Ökosysteme beruhen nicht allein auf dem Ringen oder dem Kampf ums Dasein, wie es einst Charles Darwin und Alfred Russel Wallace postulierten, sondern zu einem großen Teil auf Kooperationen und gegenseitiger Unterstützung von Organismen verschiedener Arten. Das Wissen um die Bedeutung von Symbiosen für die Evolution bahnt sich erst allmählich seinen Weg in die Hörsäle und Forschungseinrichtungen der Biologen. Diese Erkenntnis, die – sicher nicht zufällig – von einer Frau, der amerikanischen Biologin Lynn Margulis, vertiefend erforscht wurde, sollte uns in der heutigen Zeit angesichts des Artensterbens einerseits und unseres Umgangs mit anderen Menschen, Kulturen und Völkern nachdenklich stimmen.

Die Vielfalt der Schmetterlinge –

Schmetterlingsfamilien

Kurze Einführung in die Grundlagen der Systematik

Seit jeher hat der Mensch Tieren und Pflanzen Namen gegeben und Gruppen von ähnlichen Arten klassifiziert. Im Laufe der Zeit hat sich aus dieser bloßen Benennung und einfachen Gruppierung von Pflanzen und Tieren eine wichtige biologische Disziplin, die Systematik, entwickelt, die das Ziel hat, die Vielfalt der Organismen mit ihren verwandtschaftlichen Beziehungen zu erfassen und zu benennen. Ein Meilenstein dieser Disziplin war die Einführung der sogenannten binären Nomenklatur durch Carl von Linné. Ihm ist zu verdanken, dass die bis Mitte des 18. Jahrhunderts zum Teil bandwurmlangen Tier- und Pflanzennamen der Wissenschaftler kurz und knapp wurden: Er fasste morphologisch ähnliche Arten in einer Gattung zusammen, der er einen Gattungsnamen gab, und benannte die verschiedenen Arten mit dem an den Gattungsnamen angefügten Artnamen. So summierte er zum Beispiel die ihm damals bekannten Weißlinge in der Gattung *Pieris*. Den Großen Kohlweißling nannte er *Pieris brassicae*, den Kleinen Kohlweißling *Pieris rapae* und den Raps-Weißling *Pieris napi*.

Die Kohlweißlinge werden mit Arten aus verwandten Gattungen wie zum Beispiel dem Zitronenfalter *(Gonepteryx rhamni)* und dem Aurorafalter *(Anthocharis cardamines)* in der Familie der Weißlinge, den Pieridae, zusammengefasst, diese wiederum zusammen mit weiteren verwandten Familien wie unter anderem den Ritterfaltern (Papilionidae) und den Dickkopffaltern (Hesperidae) in der Überfamilie der Papilionoidea. Die Überfamilien der Falter schließlich sind in der Ordnung der Lepidoptera vereinigt. Die verschiedenen Endungen der wissenschaftlichen Namen dieser Gruppen kennzeichnen die einzelnen Rangstufen.

Traditionell werden Schmetterlinge in Tag- und Nachtfalter oder auch in Groß- und Kleinschmetterlinge unterteilt. Diese Gruppierungen sind lediglich pragmatische Bezeichnungen, sie spiegeln weder verwandtschaftliche Beziehungen wider, noch sagen sie etwas über die Größe der Arten oder ihren Tag-Nacht-Rhythmus aus.

BABYLONISCHER NAMENSWIRRWARR

Systematiker erforschen die Verwandtschaft von Arten. Dazu vergleichen sie verschiedene Merkmale wie ihr Aussehen und ihre biochemischen oder physiologischen Eigenschaften. Mit neuen Methoden wie der Sequenzierung der Erbsubstanz, der DNA, sind stets neue Erkenntnisse verbunden. Diese Entwicklung macht auch vor der Systematik der Schmetterlinge nicht halt, die in jüngster Zeit gehörig durcheinandergewirbelt wurde. So ist manche vertraute Ordnung nicht mehr gültig, einst zusammengefasste Gruppen wurden auseinandergerissen und Arten, Gattungen oder Familien haben neue Namen bekommen. Das ist für den Naturfreund wie für den Wissenschaftler in der Praxis lästig, folgt jedoch von den Biologen ausgearbeiteten klaren Regeln. Namensänderungen werden nötig, um verwandtschaftliche Beziehungen darzustellen und ein Durcheinander in der wissenschaftlichen Namensgebung, der Nomenklatur, zu verhindern. Da gerade bei großen Gruppen wie den Eulenfaltern die Forschung noch lange nicht abgeschlossen ist, werden sich mit zunehmendem Kenntnisgewinn auch immer wieder die Namen und die dahinterstehende Systematik ändern. Für den praktischen Gebrauch mag es sinnvoll sein, bei der traditionellen Systematik so lange zu bleiben, bis die noch immer ungeklärten Aspekte der jeweiligen Faltergruppe im Detail erforscht sind. Und in Bestimmungsbüchern und Datenbanken sind stets die Synonyme, also die alten Namen, verzeichnet.

Die Familientafeln in diesem Buch sind nicht durchgehend systematisch aufgebaut. Zuweilen fliegt in eine Tafel eine Art aus einer ganz anderen Familie herein, die mit den abgebildeten Arten den Lebensraum teilt oder deren Raupe an derselben Nahrungspflanze frisst. Auf anderen Tafeln sind kleine Familien, die nicht unbedingt eng miteinander verwandt sind, zusammengefasst.

Der babylonische Namenswirrwarr bei Pflanzen und Tieren beschränkt sich übrigens nicht nur auf wissenschaftliche Namen. Insbesondere für häufige Pflanzenarten gibt es in jeder Sprache eine Fülle meist regional gebräuchlicher Bezeichnungen, die wahrlich nicht immer eindeutig sind – so wird Butterblume in manchen Regionen für Hahnenfuß-Arten verwendet, in anderen wird so der Löwenzahn genannt. Der wiederum heißt auch Kuhblume, Pusteblume, Ackerzichorie, Ramschfädere, Milchblume, Sunnewirbel, um nur einige deutsche Namen zu nennen. Oder Ringelblume, was das Chaos perfekt macht, denn dieser Name wird gewöhnlich für die Arzneipflanze *Calendula officinalis* verwendet. Und Löwenzahn ist auch der deutsche Name für die Gattung *Leontodon*. Da schimpfe einer noch auf die vielen wissenschaftlichen Namen!

Großer Kohlweißling, Kleiner Kohlweißling und Raps-Weißling heißen übrigens immer noch so, wie Carl von Linné sie im Jahr 1758 nannte: *Pieris brassicae*, *Pieris rapae* und *Pieris napi*.

J. Brandstetter 97

Relikte aus längst vergangenen Erdzeitaltern: die Wurzelbohrer und Holzbohrer

Hepialidae, Cossidae

Falter flattern auf unserer Erde bereits seit rund 200 Millionen Jahren herum. Wir wissen nicht, wie die ersten Falter aussahen und welche Lebensweise sie hatten, wir wissen aber, dass einige der heutigen Faltergruppen ein hohes stammesgeschichtliches Alter haben. Dazu zählen die Wurzelbohrer (Hepialidae), von denen heute rund 500 Arten weltweit verbreitet sind und die als ein ursprüngliches Merkmal sehr kurze Fühler haben. Ihre Raupen leben in der Humusschicht des Bodens oder in selbst gebauten Röhren und fressen an den Wurzeln verschiedener Pflanzenarten. Viele Arten sind gefürchtete Schädlinge und haben schon manche Jungpflanzenkultur vernichtet.

Wer nach Sonnenuntergang in der Abenddämmerung die silbrig-weißen Falter des **Hopfen-Wurzelbohrers** *(Hepialus humuli)* über Wiesen und Hochstaudenfluren schwirren sieht, versteht sofort, warum diese Art im Englischen *Ghost Moth*, also Geistermotte, heißt. Die Falter schwärmen in Gruppen auf und ab wie Eintagsfliegen. Dabei locken die Männchen mit artspezifischen Sexuallockstoffen, den Pheromonen, die gelb gezeichneten und größeren Weibchen an. Nach der Paarung von zwei bis drei Stunden Dauer fliegen die Weibchen, wie für Wurzelbohrer typisch, zur Eiablage flach über der Vegetation, verharren kurz und lassen einige Eier einfach fallen, fliegen ein Stück weiter und lassen erneut Eier fallen. Die frisch geschlüpften, winzigen und fast durchsichtigen Raupen müssen den Weg zu ihrer Nahrungspflanze alleine finden. Das schafft nur ein Bruchteil, deshalb gehen die Weibchen des Hopfen-Wurzelbohrers auf Nummer sicher und produzieren 2000 bis 3000 Eier über mehrere Tage hinweg. Leider ist der «Geistertanz» der Hopfen-Wurzelbohrer nur noch selten zu beobachten. Die einst häufige Art ist fast überall verschwunden.

Hopfen-Wurzelbohrer
Männchen

Hopfen-Wurzelbohrer
Weibchen

Wie alle Wurzelbohrer-Falter nehmen auch die des Hopfen-Wurzelbohrers keine Nahrung mehr auf. Ihr Saugrüssel ist zurückgebildet. Sie zehren ausschließlich von den Reserven, die sie sich als Raupen angefressen haben. Die einzige Aufgabe der Falter ist es, für den Fortbestand der Art zu sorgen.

Die Raupen hingegen leben weitaus länger, zwei bis drei Jahre. Sie sind nicht wählerisch, was ihr Futter angeht, Hauptsache, die Pflanze hat kräftige Wurzeln. Die Liste der Nahrungspflanzen ist wie beim verwandten **Ampfer-Wurzelbohrer** *(Triodia sylvina)*, der im August selbst in Gärten ans Licht fliegt, recht lang. So wurden Raupen unter anderem an Gräsern, Ampfer, Wilden Möhren, Pastinaken, Hopfen und in den Gebirgen auch in Enzian- oder Germerwurzeln gefunden. Im Laufe ihres Lebens fressen sie sich auf vier bis viereinhalb Zentimeter Länge und fünf Millimeter Durchmesser heran und verkriechen sich zum Überwintern tief in frostfreie Bodenschichten.

Der **Adlerfarn-Wurzelbohrer** *(Korscheltellus fusconebulosa)* fliegt von Ende Mai bis Anfang Juli. Während dieser Zeit legen die Weibchen bis zu 500 Eier lose in die Vegetation ab. Die Raupe frisst an Adlerfarn und verschiedenen Simsen-Arten und überwintert im Laufe ihres zwei- bis dreijährigen Lebens in einer kleinen Erdhöhle. Sie ist völlig farblos, weil sie ihr ganzes Leben im Dunkel der Erde verbringt und sich deshalb nicht mit Pigmenten vor der Sonne schützen muss. Der Adlerfarn-Wurzelbohrer lebt auf frischen bis feuchten, mageren Wiesen, auf Lichtungen, an Waldsäumen und im Gebirge überwiegend in Hochstaudenfluren.

KEINESFALLS AUF DEM HOLZWEG – EIN LEBEN IM BAUM

Einen Holzbohrer bringt man nicht unbedingt mit einem Falter in Verbindung. Und doch ist der deutsche Name sehr treffend. Die Raupen dieser Familie, der Cossidae, die fast 700 bekannte Arten umfasst, bohren sich durch das Holz verschiedener Baumarten. Die Holzbohrer-Raupen sind wie die der Wurzelbohrer meistens farblos.

Holz ist eine sehr eiweißarme und schwer verdauliche Kost. So ist es kein Wunder, dass die Raupen Entwicklungszeiten von mehreren Jahren haben. Einige von ihnen leben in Gemeinschaft mit Bakterien und Pilzen, die ihnen die unverdauliche Zellulose als Kohlenhydratquelle erschließen. Ein Befall mit Holzbohrern ist an dem charakteristischen Schadbild zu erkennen, bei dem einseitig Äste und Zweige absterben. An dieser Seite haben die Raupen in der Rinde die Leitungsbahnen des Baumes getrennt und folglich werden die Äste hier nicht mehr mit Wasser und Nährstoffen versorgt.

Die meisten der weltweit verbreiteten Holzbohrer sind nachtaktiv. Meist sind es graue schmalflügelige Motten, von denen einige tropische Arten mit 20 Zentimeter Flügelspannweite recht groß werden können. Viele Falter imitieren Zweige, Borke oder Blätter und ruhen tagsüber an Gräsern oder an Baumstämmen. Die Weibchen legen mit ihrer Legeröhre die Eier gezielt in Borkenritzen oder Verletzungen der Baumrinde.

Der englische Name des **Blausiebs** *(Zeuzera pyrina)*, *Leopard Moth*, spielt wie der deutsche Name auf seine gleichmäßige Musterung mit dunkelblau schillernden Punkten an. Der in Europa weit verbreitete, aber nicht häufige Falter schlüpft im Frühsommer. Bei der Eiablage sind die Weibchen, die eine Flügelspannweite von knapp acht Zentimeter erreichen können, nicht wählerisch. Die Raupen sind polyphag, das heißt, sie fressen an verschiedenen Pflanzenarten. Sie wurden an über 50 verschiedenen Laubbäumen gefunden. Nach dem Schlupf bohren sie sich sofort in dünne Äste und Zweige hinein. Zwei bis drei Jahre leben die nimmersatten Raupen im Holz, bevor sie sich verpuppen. In dieser Zeit können sie Äste bis an die Borke aushöhlen und zum Absterben bringen.

Die Raupen des **Rohr-** oder **Schilfbohrers** *(Phragmataecia castaneae)* sind monophag, also auf eine einzige Pflanzenart als Nahrung angewiesen. Sie leben und verpuppen sich ausschließlich in den Stängeln des Schilfrohrs. Wie die Pflanze ist der hell graubraune Falter weit verbreitet.

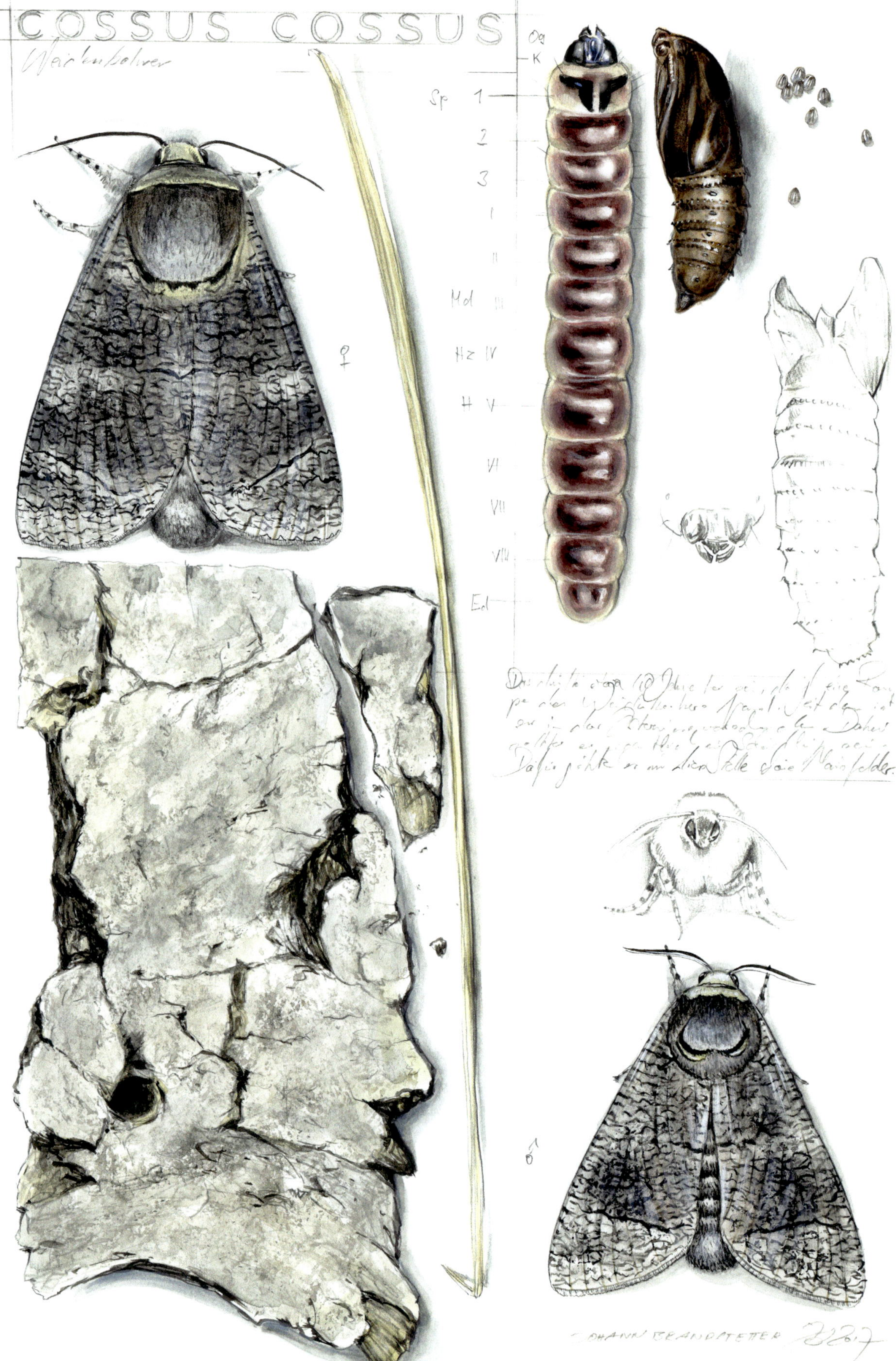

COSSUS COSSUS
Og
K
Sp 1
2
3
I
II
Md III
Hz IV
H V
VI
VII
VIII
Ed
♀
♂
JOHANN BRANDSTETTER

DER WEIDENBOHRER (*COSSUS COSSUS*), EIN UNSCHEINBARER RIESE

Auch wenn er mit bis zu knapp zehn Zentimetern Flügelspannweite zu den größten Nachtfaltern Europas gehört und in Europa, Nordafrika und den gemäßigten Regionen in Asien weit verbreitet ist, ist der **Weidenbohrer** *(Cossus cossus)* nur selten zu sehen. Tagsüber sitzt der plumpe Falter auf der Borke von Bäumen und ist mit seinen grau marmorierten und von feinen Linien durchzogenen Flügeln perfekt getarnt, denn er sieht aus wie ein Stück graue Borke eines alten Baumes. Damit ist er ein schönes Beispiel für das Phänomen der Mimese: Er verschmilzt optisch mit seiner Umgebung und vertraut darauf, dass hungrige Vögel ihn nicht wahrnehmen.

Der Weidenbohrer fliegt im Sommer in Weichholzauen, Parks, Laubwäldern oder Gärten. Das Leben des Falters ist wie bei allen Holzbohrern kurz, denn mit dem verkümmerten Saugrüssel kann er keine Nahrung mehr aufnehmen. Seine Energie stammt aus den Reserven, die von den Energiedepots der Raupe übriggeblieben sind. Die einzige Aufgabe des Falters besteht darin, einen Geschlechtspartner zu finden und sich fortzupflanzen.

Holzbohrer können als nachtaktive Falter gut sehen, was bei der Partnersuche von Vorteil ist. Die Partner finden sich mithilfe von spezifischen Sexuallockstoffen, den bereits beim Hopfen-Wurzelbohrer erwähnten Pheromonen. Beim Weidenbohrer produziert das Weibchen die Pheromone. Sie werden schon in geringster Konzentration vom Männchen mit spezifischen Sinneszellen auf den gefiederten Antennen wahrgenommen und ermöglichen es ihm, das Weibchen aufzuspüren. Nach der Paarung legt das Weibchen bis zu 700 Eier an die Baumborke ab und schützt sie mit einem klebrigen Sekret. Die Eiablage erfolgt an diversen Weiden-Arten und zahlreichen anderen Laubbäumen. Vorzugsweise werden kranke oder alte Bäume gewählt und Nadelbäume bis auf die Lärche, wo Raupen der Art nachgewiesen werden konnten, verschmäht.

Die Larven nagen sich durch die Borke in die Rinde des Baumes, wo sie rund ein Jahr verbleiben. Später fressen sich die Raupen mit nun kräftigen Mandibeln, wie die Mundwerkzeuge heißen, in bis zu zwei Zentimeter breiten Gängen nach oben durch das Holz. Es dauert drei bis fünf Jahre, bis die Raupe ausgewachsen ist. Dann verlässt sie den Baum und kriecht zum Erdboden, wo sie vor der Verpuppung im folgenden Frühjahr überwintert. Die Raupen werden sehr groß, bis etwa zehn Zentimeter, und sind rötlich gefärbt. Werden sie berührt, schlagen sie mit ihrem Körper hin und her und versuchen, den Angreifer mit ihren Mandibeln zu beißen.

In Obstgärten kann der Weidenbohrer große Schäden anrichten. Runde Löcher im Baumstamm, die innen schwarz verfärbt sind und nach Essig riechen und Bohrmehl oder der Kot der Raupen zeugen von seiner Anwesenheit. Bei starkem Befall kann durch die vielen Fraßgänge die Stabilität der Bäume gefährdet sein. Da sich die Raupen tief im Holz befinden, ist eine Bekämpfung sehr schwierig und im späten Stadium kaum mehr möglich. Zusätzlich kann der Baum durch Pilzinfektionen geschwächt werden, denn die Bohrlöcher sind Eingangspforten für Pilzsporen. Auch gibt es nur wenig natürliche Feinde der Raupen. Einige Schlupfwespen legen ihre Eier in die Raupen, die von Schlupfwespen-Larven gefressen werden. Spechte suchen generell nach Holzbohrer-Raupen, nicht nur nach denen des Weidenbohrers. Sie werden aber nur fündig, wenn sich die Raupen nicht allzu tief im Holz verbergen.

Einst war der Weidenbohrer in Mitteleuropa eine häufige Art. Inzwischen wird er immer seltener und steht in einigen Regionen auf der Vorwarnliste der Roten Liste gefährdeter Arten.

STYGIA AUSTRALIS, EINE SELTENE UNBEKANNTE

Wer meint, alle Schmetterlingsarten Europas seien bestens erforscht, der irrt gewaltig. Genauso wie bei allen anderen Organismengruppen gibt es auch bei den Faltern, gerade den unscheinbaren Arten, noch viel zu entdecken.

Der Holzbohrer *Stygia australis* ist eine europäische Art, über die wenig bekannt ist. Sie kommt sehr selten und lokal in Portugal, Südspanien, Südfrankreich und Italien vor und fliegt auf offenen, heißen Standorten mit spärlicher, ruderaler Vegetation. Ein Grund dafür, dass man so wenig über die Art weiß, mag ihre Flugzeit sein. Der einzigen über die Art vorliegenden Beschreibung eines Entomologen aus dem Jahre 1894 zufolge fliegt *Stygia australis* ausschließlich im Sommer in den heißesten Stunden der Mittagszeit.

Wer sich trotz Temperaturen über 40 Grad Celsius auf die Suche nach *Stygia australis* macht, muss schnell sein, sehr schnell. Denn die braun gefärbten Falter flitzen in raschem Zickzackflug knapp über dem Boden umher. Es sind Männchen, die auf der Suche nach frisch geschlüpften Weibchen sind. In ihrem rasenden Flug sind sie kaum zu fangen. Es mag besser sein, sich in Geduld zu üben und sich auf die Suche nach der Nahrungspflanze von *Stygia australis* zu machen. Mit viel Glück kann man beobachten, wie sich ein Falter zwischen den niederliegenden, dicht behaarten Rosettenblättern eines Natternkopfes herauszwängt und, kaum dass die Flügel ausgehärtet sind, losbraust. Die Weibchen fliegen dabei dicht über dem Boden. Mit ihrem brummenden Flug meint man, einen Käfer vor sich zu haben.

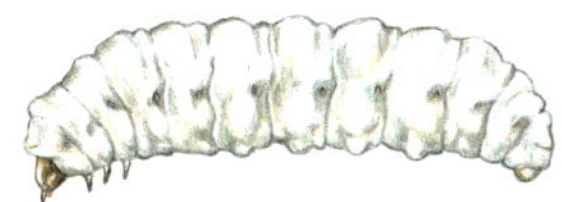

Hier zeigen wir die ersten Abbildungen der Raupe und der Puppe der Art. Die hellen Raupen leben in den Wurzeln der Natternköpfe. Sie hören im Herbst auf zu fressen, bauen sich einen Kokon und überwintern darin als sogenannte Präpuppa. Im Frühjahr verpuppen sie sich, ohne vorher noch Nahrung aufzunehmen.

MORMOGYSTIA BRANDSTETTERI, EINE NEUE HOLZBOHRER-ART

Jährlich entdecken Biologen in aller Welt rund 10 000 neue Insektenarten. Das hört sich gewaltig an, doch angesichts der wahrscheinlich rund fünf Millionen Insektenarten, die unsere Erde bevölkern und von denen nur etwa ein Drittel bekannt ist, wird es noch lange dauern, bis die Biologen alle Insektenarten unseres Planeten gefunden haben. So sie nicht vorher aussterben.

Um angesichts der riesigen Zahl von Organismen nicht den Überblick zu verlieren, haben Biologen klare Regeln für die Beschreibung einer neuen Art vereinbart, egal, ob es sich um ein Tier, eine Pflanze, einen Pilz oder einen Mikroorganismus handelt. Zu diesen Regeln gehört, dass eine neue Art in einer wissenschaftlichen Publikation veröffentlicht wird. Darin werden die Merkmale der neuen Art erläutert und Unterschiede zu verwandten Arten dargestellt. Zeichnungen, Fotos sowie Angaben zur Verbreitung, zum Habitat und zur Biologie und Ökologie der neuen Art runden die Beschreibung ab. Damit der Name der neuen Art gültig ist, muss außerdem mindestens ein Belegexemplar in einer wissenschaftlichen Sammlung hinterlegt werden. Mit diesem Original, dem sogenannten Typusbeleg, ist der wissenschaftliche Name für die Zukunft untrennbar verbunden.

Auch für die Vergabe des Namens gelten klare Regeln. Ist die Gattung, zu der die neue Art gehört, bereits gültig beschrieben, muss die neue Art diesen Gattungsnamen tragen. Beim Artzusatz hingegen ist der Autor der neuen Art wie auch bei einer neuen Gattung frei. Er kann sie nach dem Ort benennen, wo die Art das erste Mal gefunden wurde, nach einem bestimmten Merkmal oder auch nach einem Menschen, zu dem er einen besonderen Bezug hat.

Johann Brandstetter hat sich sehr gefreut, als der litauische Freund Aidas Saldaitis und seine Kollegen eine neue Falterart nach ihm benannten. *Mormogystia brandstetteri* ist in steinigen Halbwüsten auf Sokotra heimisch, einem rund 230 Kilometer vor dem Horn von Afrika gelegenen Inselarchipel, und kommt nirgendwo anders auf der Welt vor. Der Holzbohrer mit einer Flügelspannweite von etwa dreieinhalb Zentimetern gehört zu den zahlreichen endemischen Tier- und Pflanzenarten, die sich im Laufe der letzten 20 Millionen Jahre auf dem Sokotra-Archipel entwickelten. So lange ist es nämlich her, dass sich die Inseln vom afrikanischen Festland getrennt haben. Seither durchlaufen die Tier- und Pflanzenarten ihre eigene, isolierte Evolution. Von den gut 800 Pflanzenarten, die auf dem Sokotra-Archipel vorkommen, sind dreißig Prozent Endemiten. Bei den Insekten liegt diese Zahl mit 80 bis 90 Prozent weitaus höher.

Endemitenreiche Floren und Faunen sind typisch für Inseln, insbesondere für Archipele, die fernab vom Festland liegen. Bekannte Beispiele sind die Galapagos-Inseln, der Hawaii-Archipel, die Seychellen und die Kanarischen Inseln. Die Evolution von Schmetterlingsarten auf den Kanaren, genauer gesagt, auf Teneriffa, La Palma und La Gomera, werden wir bei den Weißlingen noch genauer kennenlernen.

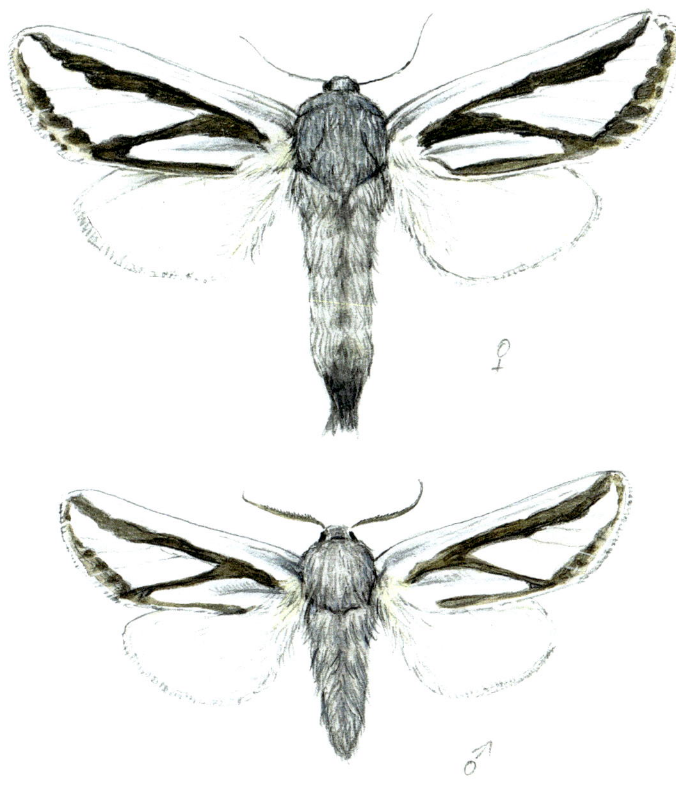

Mormogystia brandstetteri

Saldaitis, Ivinskis & Yakovlev 2011

Cossidae aus der Insel Sokotra Yemen

J. Brandstetter '97

Weder Wespe noch Hornisse: die Glasflügler

Sesiidae

Kommt ein großes schwarz-gelb gestreiftes Insekt mit durchsichtigen Flügeln auf uns zugeflogen, werden die meisten von uns automatisch zurückweichen: Das werden wir auch beim **Hornissen-Glasflügler** *(Sesia apiformis)* tun. Denn dieser große Falter sieht aus wie eine Hornisse, brummt wie eine Hornisse, fliegt und bewegt sich wie eine Hornisse. Allerdings kann dieses Tier nicht stechen und ist auch sonst völlig ungefährlich. Wir können uns ihm also problemlos nähern und es fangen, natürlich ganz vorsichtig, damit es keinen Schaden nimmt.

Mitte Mai schlüpft der Hornissen-Glasflügler aus seinem Kokon. Vor der Verpuppung haben sich die Raupen monatelang durch die Rinde einer alten Pappel gefressen. An der Stammbasis der Bäume zeugen bleistiftdicke Löcher, aus denen etwas Bohrmehl rieselt, von der Anwesenheit der Raupen. Der Hornissen-Glasflügler ist in Mitteleuropa eine verbreitete Art. Für die Eiablage suchen die Weibchen Bäume auf, die an offenen, sonnigen Standorten wie Alleen und Feldrändern wachsen. Solange weiterhin Pappeln an unsere Straßenränder gepflanzt werden, vorzugsweise die heimischen Schwarz-Pappeln, werden wir vielleicht einmal vor Schreck solch einer «falschen Hornisse» ausweichen.

Der Hornissen-Glasflügler gehört zu einer großen Falterfamilie, den Glasflüglern (Sesiidae), die in Mitteleuropa mit gut 100 tagaktiven Faltern vertreten ist. Die Tiere sehen mit ihren schmalen, durchsichtigen Flügeln und gestreiften Körpern wie Bienen, Wespen oder Hornissen aus. Einige Arten sind auch in ihrer Körperhaltung Wespen zum Verwechseln ähnlich. Ein Vogel wird nach dem ersten schmerzhaften Stich beim Versuch, eine Biene, Wespe oder Hornisse zu fangen, das in Zukunft tunlichst unterlassen und alle Tiere mit einer vergleichbaren schwarz-gelben Bänderung meiden, die er nicht vom Original unterscheiden kann. Mit dieser Form der Nachahmung, der Batesschen Mimikry, täuschen sie ihre Feinde.

Alle Tarnung hilft natürlich nicht gegenüber Feinden, denen die Stacheln der Hornissen, Wespen und Bienen nichts ausmachen. Bienenfresser zum Beispiel, diese tropisch anmutenden Vögel, die sich derzeit in Mitteleuropa zusehends ausbreiten, haben keinerlei Scheu, einen Hornissen-Glasflügler zu jagen und zu verspeisen. Allerdings sollen die Falter nicht gut schmecken. In einem Versuch ist Elstern nach einem Probebissen der Appetit auf die dicken Brummer vergangen. Echte Hornissen blieben hingegen auf ihrem Speiseplan.

Trotz ihrer auffallenden Färbung bekommt man Glasflügler nur recht selten zu Gesicht. Sie leben ein zurückhaltendes, kurzes Leben von etwa einer Woche und sind früher Schmetterlingsforschern nur selten ins Netz gegangen. Bis Biologen entdeckt haben, wie man sie anlocken kann, nämlich mit artspezifischen Sexuallockstoffen, den Pheromonen. Die Glasflügler-Männchen fliegen förmlich auf diese Parfüme, die von begattungsbereiten Weibchen in die Lüfte abgegeben werden. Mithilfe ihrer klobig verdickten und gewimperten Fühler nehmen die Männchen den attraktiven Duft in geringster Konzentration wahr. Vielleicht beeilen sich die Männchen deshalb nach dem Schlüpfen mit dem Aushärten ihrer Flügel. Die schnellsten Glasflügler-Männchen sind gerade einmal eine Viertelstunde jung, wenn sie gezielt auf die Duftquelle zu jagen – und das Weibchen begatten. Und damit Verwechslungen vollends ausgeschlossen werden, sind die Männchen zu artspezifischen Tageszeiten unterwegs. Einige Arten fliegen am Vormittag zwischen 10 und 12 Uhr los, andere nur am Nachmittag. Aber nur bei Sonnenschein. Wolken mögen die Glasflügler überhaupt nicht. Das geht so weit, dass sie selbst den Schatten eines Baumes umfliegen, um stets in der Sonne zu bleiben!

Die Raupen der Glasflügler leben in Stängeln, in Wurzeln oder im Holz. Sie benötigen daher weder Pigmente als Sonnenschutz noch eine Tarntracht und sind zumeist hell gefärbt. Kaum aus dem Ei geschlüpft, müssen sie sich in ihre Nahrungspflanze hineinfressen. Das ist bei Arten, die in Baumstämmen leben, nicht einfach. Finden sie nicht schnell genug eine Ritze oder eine anderweitige Verletzung des Baumes, vertrocknen sie. Gerne bohren sich die Raupen der Glasflügler in Krebsgeschwüre von Bäumen ein, denn das Holz dieser Wucherungen ist lockerer und weicher als das gesunde Holz. Dort leben sie in kleinen Hohlräumen und fressen sich nicht nur durch das Holz, sondern ernähren sich auch von den Baumsäften. Nach ein oder zwei Jahren bereitet die Raupe schließlich alles für den Schlupf des Falters vor. Sie nagt einen Gang bis nahe an die Außenseite der Pflanze, aber so, dass von außen nichts zu erahnen ist. Anschließend verpuppt sie sich in einer Kammer, die sie vorher mit Seide ausgesponnen hat, oder in einem Kokon. Sobald der Falter fertig entwickelt ist, windet sich die Puppe durch den Gang, durchbricht die vorgesehene Öffnung und arbeitet sich etwa zur Hälfte heraus. Wenn in diesem Moment kein hungriger Specht vorbeifliegt, kann der Falter schlüpfen.

Merops apiaster (LINNAEUS 1758)
Klasse: Vögel (Aves)
Ordnung: Rackenvögel (Coraciiformes)
Familie: Bienenfresser (Meropidae)
Gattung: Merops
Art: Bienenfresser
Bienenfresser (Merops apiaster)

Bremsen-Glasflügler

Die Raupen des **Bremsen-Glasflüglers** *(Paranthrene tabaniformis)*, der auch **Kleiner Pappel-Glasflügler** genannt wird, leben wie die des Hornissen-Glasflüglers in Schwarz-Pappeln, aber auch in anderen Pappeln und Weiden. Mit seinen braun beschuppten Flügeln ist der Bremsen-Glasflügler trotz der gelben Binden auf dem schwarzen schlanken Körper von einer Wespe eindeutig zu unterscheiden. Wählerischer ist der **Zitterpappel-Glasflügler** *(Eusphecia melanocephala)*, der seine Eier nur an mittelalte, möglichst frei stehende und der Sonne ausgesetzte Zitter-Pappeln ablegt. Die schwarzen Falter mit recht schmalen gelben Binden leben versteckt und sind selten zu erblicken. Am leichtesten ist die Anwesenheit der Art anhand der charakteristischen Schlupflöcher an den Bäumen nachzuweisen.

Im Holz von Birken leben die Larven des **Großen Birken-Glasflüglers** *(Synanthedon scoliaeformis)* und des **Roten Birken-Glasflüglers** *(Synanthedon culiciformis)*. Ersterer bevorzugt alte Birken mit Totholzanteil, Letzterer legt seine Eier auch an Erlen. Deshalb ist der Rote Birken-Glasflügler in der Lage, auch die Gebirge zu besiedeln. Allerdings sind hier seine Vorkommen auf Grau- und Grün-Erlen in den sonnigsten und wärmsten Lagen beschränkt. In der Höhe benötigt der Rote Birken-Glasflügler zwei oder drei Jahre für die Entwicklung vom Ei bis zum Falter, im Tiefland schafft er es in einem Jahr.

Zitterpappel-Glasflügler

Großer Birken-Glasflügler

Roter Birken-Glasflügler

Nicht alle Glasflügler-Raupen leben in Bäumen. Zahlreiche Arten fressen in den Wurzeln mehrjähriger Stauden. Ein Beispiel dafür ist der **Schlupfwespen-** oder **Hornklee-Glasflügler** *(Bembecia ichneumoniformis)*, der als Larve ein oder zwei Jahre lang in den Wurzeln verschiedener Schmetterlingsblütler lebt. Die erwachsenen Raupen überwintern und verpuppen sich im Frühjahr in einer langen Gespinströhre an der Wurzel ihrer Nahrungspflanze. Die Art ist in fast ganz Europa und Vorderasien verbreitet und fliegt auf Trockenrasen, in Steppenheiden, auf Geröllhalden, an warmen Hängen und Waldrändern von Juni bis August.

Der **Rote Ampfer-Glasflügler** *(Pyropteron chrysidiformis)* hat wie auch der Bremsen-Glasflügler ausnahmsweise keine durchsichtigen Vorderflügel. Er ist eine auffällige Art mit dunkel orangerot gefärbten Vorderflügeln mit je einem schwarzen Fleck sowie einer hellgelben Binde am schwarzen Hinterleib. Er kommt dort vor, wo der Mensch in die Landschaft eingegriffen hat und die Stellen bald wieder der Natur überlässt. Solche ruderalen Standorte finden sich am Rand von Kiesgruben, an Dämmen und auf Industrieflächen. Dort gedeiht die wichtigste Nahrungspflanze des Roten Ampfer-Glasflüglers, der Stumpfblättrige Ampfer.

Ampfer-Arten dienen den Raupen vieler Falterarten als Futter. Aber nur die Raupen des Roten Ampfer-Glasflüglers schädigen ihre Nahrungspflanze erheblich und können sie sogar zum Absterben bringen. Nach dem Schlupf aus dem Ei bohren sich die Räupchen in die Wurzel ihrer Nahrungspflanze ein. Dort überwintern sie– eingesponnen in einen Kokon oder frei in einem Hohlraum. Kleinere Ampferpflanzen mit einer Pfahlwurzel sterben beim Befall mit nur einer Raupe ab. Deshalb wird der Rote Ampfer-Glasflügler für die biologische Unkrautbekämpfung eingesetzt. In einigen Regionen Australiens, wo vom Menschen eingeschleppte Ampfer-Arten die heimische Flora verdrängen, konnte mithilfe des Roten Ampfer-Glasflüglers ein 90%iger Rückgang der Ampfer-Plage erreicht werden. Allerdings kann die Bekämpfung einer eingeschleppten Art mit einer anderen fremden Art durchaus problematisch sein. Die Folgen sind nicht vorhersehbar. Es ist nicht auszuschließen, dass sich die zur Schädlingsbekämpfung eingeführte Art nach verrichteter Arbeit neue Nahrungsquellen erschließt und selber zum Schädling wird.

Die erfolgreichen Versuche in Australien haben dazu geführt, dass der Rote Ampfer-Glasflügler nun in Europa die gleiche Aufgabe bekommen soll: Seine Lieblingspflanze, der Stumpfblättrige Ampfer, bereitet Biobauern in Nordeuropa große Probleme. Er breitet sich massiv auf Grünland aus und gefährdet damit in einigen Regionen die Wirtschaftlichkeit des ökologischen Landbaus. Deshalb gibt es Versuche, den Glasflügler als Gehilfen der Biobauern einzusetzen. Damit wird der Rote Ampfer-Glasflügler in Zukunft hoffentlich einen Beitrag zum Ausbau einer nachhaltigen Landwirtschaft und zu einem falterfreundlichen Europa leisten können.

J. Brandstetter 2001

Giftig bunt: die Widderchen

Zygaenidae

Rot ist eine Warnfarbe, nicht nur an der Straßenampel. Viele Insekten signalisieren mit Rot einem potenziellen Fressfeind: «Pass auf, ich bin giftig.» Genau das tun auch die Blutströpfchen (Zygaenidae). Mit ihren körpereigenen Cyaniden sind sie für viele Fressfeinde ungenießbar. Es sind kleine, fast ausschließlich tagaktive Schmetterlinge. Raupen und Falter bewohnen blütenreiche Habitate wie trockene, magere Wiesen, Heiden und Waldsäume. Sie werden auch Widderchen genannt, weil die meist keulig verdickten Fühler am Ende nach außen gebogen sein können und dann an Hörner eines Widders erinnern.

Blutströpfchen sind eine Falterfamilie mit weltweit mehr als 1000 Arten, die sich häufig durch rote Flecke auf schwarzblauen Vorderflügeln auszeichnen. Bei *Zygaena carniolica* sind diese Flecke weiß umrandet, was die Art so unverwechselbar macht. Sie trägt verschiedene deutsche Namen und ist als **Krainisches**, **Weißrandiges** oder **Esparsetten-Widderchen** bekannt.

Auch die Farbe der Raupen – hellgrün bis gelb mit schwarzen Flecken – gilt als Warntracht. Der Falter saugt an verschiedenen violetten Blüten wie Skabiosen, Acker-Witwenblumen, Esparsetten und Flockenblumen. Man trifft die recht geselligen Falter in größeren Gruppen an den Blütenständen ihrer Nektarpflanzen, wo sie vor allem nachts ruhen. Wie alle Tier- und Pflanzenarten südexponierter Trockenrasen und magerer Wiesen ist das Esparsetten-Widderchen in weiten Teilen Mitteleuropas gefährdet.

LANGER SCHLAF FÜR EIN LANGES LEBEN

Das **Nördliche Platterbsen-Widderchen** *(Zygaena osterodensis)* ist noch gefährdeter. Es ist die einzige *Zygaena*-Art, die nicht im Offenland, sondern in lichten, sommergrünen Wäldern an sonnigen, blüten- und strukturreichen Säumen, auf kleinen Lichtungen und auf Kahlschlägen fliegt. Die Aufgabe traditioneller Waldbewirtschaftung, das Entfernen lichter krautreicher Waldsäume durch die Anlage breiter Forststraßen und das weithin verbreitete schnelle, dichte Aufforsten rauben dem hübschen Falter die Lebensgrundlage.

Zygaena osterodensis gehört zu den langlebigsten Falterarten, genauer gesagt, zu den Faltern, die eine sehr lange Entwicklungsdauer haben. Seine Raupen, die an Platterbsen wie der Wiesen-Platterbse oder der Frühlings-Platterbse und an Wicken fressen, sind auch bei schönstem Sommerwetter nur einen kurzen Zeitraum aktiv. Drei bis vier Wochen nach dem Schlüpfen aus dem Ei suchen sie sich einen geschützten Platz in der Bodenstreu und häuten sich. Diese letzte Häutung vor der Winterruhe wird Diapausehäutung genannt. Erst im nächsten Frühsommer wird der Stoffwechsel wieder angekurbelt, die Raupen häuten sich ein weiteres Mal und beginnen zu fressen. Einige Raupen verpuppen sich anschließend, andere fallen in eine weitere elfmonatige Ruhepause, sozusagen einen «Sommer-Herbst-Winterschlaf». Beim Nördlichen Platterbsen-Widderchen Art sind bis zu fünf solcher langen Überwinterungen bekannt, bis sich die Raupe endlich verpuppt. Dazu kriecht sie an einem Baumstamm hoch und spinnt sich einen silbrigen kleinen Kokon.

VARIABLE WIDDERCHEN

Eine dem Nördlichen Platterbsen-Widderchen ähnliche Art ist das westmediterran verbreitete **Mannstreu-Widderchen** *(Zygaena erythrus)*. Es legt seine Eier, wie der Name vermuten lässt, auf Mannstreu-Arten wie den Amethyst-Mannstreu und Feld-Mannstreu ab, die auf trockenen, nährstoffarmen und kalkreichen Böden wachsen. Der Falter saugt wie alle *Zygaena*-Arten an Skabiosen und anderen lila Blütenständen.

Die Bestimmung von Schmetterlingen ist wahrlich nicht immer einfach. Der angehende Schmetterlingsfreund muss sich einen Blick für die bestimmungsrelevanten Merkmale ähnlicher Arten aneignen, die häufig unterschiedlich gefärbten und gezeichneten Weibchen und Männchen einer Art zuordnen und sich merken, in welchem Lebensraum welche Arten anzutreffen sind. Und manche Arten sind derart variabel, dass man davon ausgehen möchte, gleich drei oder vier verschiedene vor sich zu haben. Eine dieser Tierarten ist das **Veränderliche Widderchen** *(Zygaena ephialtes)*. Es kann einem Anfänger unter den Lepidopterologen, wie die Schmetterlingskundler genannt werden, das

FRÜHLINGS - PLATTERBSE
(Lathyrus vernus)
Platterbsen - Widderchen
Zygaena osterodensis

Leben wahrlich schwer machen. Aber wer sich mit den verschiedenen Zeichnungen dieser hübschen Art auseinandersetzt, lernt nicht nur die verschiedenen Formen mit roten und gelben Flecken sowie unterschiedlich gezeichneten Hinterflügeln kennen, sondern kann auch gleich seine Genetik-Kenntnisse auffrischen. Denn die Vererbung der Flügelzeichnung folgt den Mendelschen Regeln: Beim Veränderlichen Widderchen dominiert das Allel, also die Ausprägung des Gens, das für die rote Färbung verantwortlich ist, über das Allel, das die gelbe Färbung verursacht, und das Allel, dass für farbige Hinterflügel sorgt, dominiert über das Allel, das schwarze Flügel mit einem hellen Fleck erzeugt.

Um die Verwirrung für den Schmetterlingsfreund perfekt zu machen, gibt es im Lebensraum des Veränderlichen Widderchens, also in offenen, trockenen Habitaten und entlang lichter Waldsäume und Böschungen, einen Doppelgänger, das **Weißfleck-Widderchen** *(Amata phegea)*. Es sieht so aus wie ein Widderchen, heißt im Deutschen auch so, ist aber keines. Das Weißfleckwidderchen gehört zu der Unterfamilie der Bärenspinner (Arctiinae, Erebidae), die später in diesem Buch vorgestellt werden. Mit seinen hellen Flecken und der gelben Binde am Hinterleibsende imitiert es eine der Formen des Veränderlichen Widderchens und täuscht so seine Fressfeinde. Durch die täuschend echte Nachahmung einer ungenießbaren Art profitiert das Weißfleckwidderchen, ohne selbst giftige Blausäure-Verbindungen im Körper zu haben. Hier begegnet uns wieder ein Beispiel der Batesschen Mimikry.

Nicht alle Blutströpfchen sind rot. Die Falter einer Unterfamilie der Widderchen, die Grünwidderchen (Procridinae), haben grün oder blaugrün metallisch schimmernde Flügel und einen ebenso gefärbten Körper. Zu dieser Unterfamilie gehört **Manns Grünwidderchen** *(Adscita mannii)*. Seine hellbraunen, beborsteten Raupen sind in der Bodenstreu gut getarnt. Sie fressen an Zistrosengewächsen und Ampfer-Arten. Die wärmeliebende Art, die von Südfrankreich bis zum Schwarzen Meer verbreitet ist, besiedelt Trockenrasen und trockene Heiden. In Mitteleuropa erreicht Manns Grünwidderchen am Kaiserstuhl seine nördliche Arealgrenze, wo es durch den intensiven Weinbau gefährdet ist.

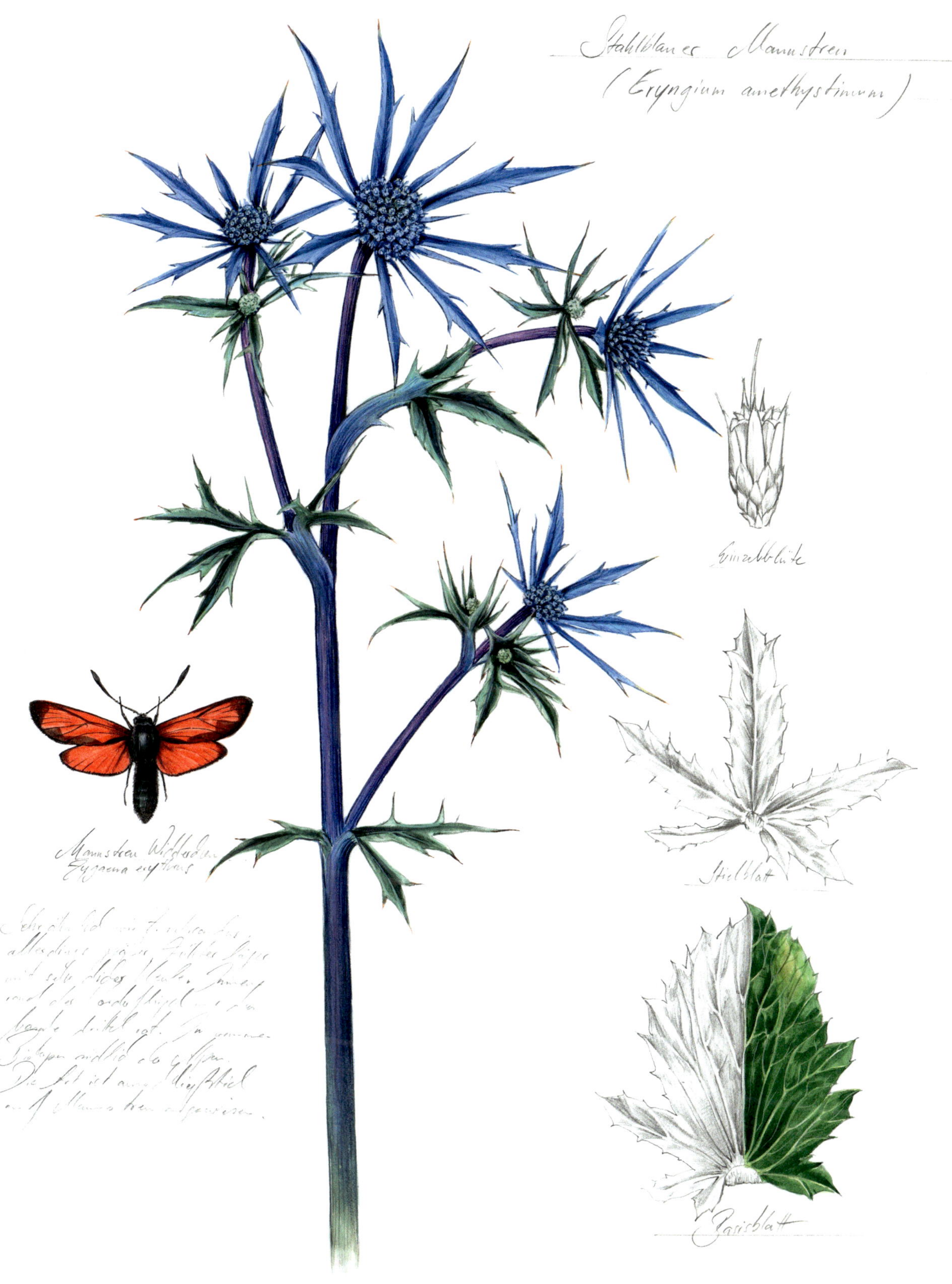
Stahlblaues Mannstreu
(Eryngium amethystinum)
Einzelblüte
Stielblatt
Basisblatt
Mannstreu Widderchen
Zygaena erythrus

Falterweibchen ohne Flügel: die Echten Sackträger

Psychidae

Zu den unscheinbaren Bewohnern trockener, magerer Wiesen und Heiden gehört der **Zottige Sackträger** *(Pachythelia villosella)* aus der Familie der Sackträger (Psychidae). Über die versteckt lebenden Sackträger ist wenig bekannt. Wir wissen nicht einmal annähernd, wie viele Arten es von dieser vor allem in den Tropen verbreiteten Familie gibt. In Mitteleuropa leben ungefähr hundert Arten.

Der Zottige Sackträger ist in ganz Europa bis in den hohen Norden verbreitet. Er ist eine seltene, vielerorts bereits ausgestorbene Art und kommt meistens nur recht lokal vor, sicher auch, weil nur das Männchen fliegen kann. Zum Morgen hin schlüpft es aus seiner Puppe. Anschließend bleibt es unbeweglich sitzen und wartet darauf, ein Duftsignal, ein Pheromon, eines paarungsbereiten Weibchens wahrzunehmen. Sobald es dieses artspezifische Parfüm in geringsten Konzentrationen registriert, fliegt es in wildem Zickzack los. Es wird das Weibchen mit Sicherheit finden, denn das kann mit seinen verkümmerten Flügeln nicht wegfliegen. Es steckt noch immer in der Puppenhülle und diese wiederum in einem Säckchen, das schon die Raupe gebildet hatte. Aber dazu später. Das Männchen begattet das Weibchen, das anschließend beginnt, alle Eier in die Puppenhülle abzulegen. Danach stirbt es. Das Männchen kann noch einige Weibchen aufsuchen und begatten, bevor es ebenfalls wenige Stunden später stirbt. Weder Männchen noch Weibchen können im erwachsenen Stadium Nahrung aufnehmen. Sie zehren vom Energievorrat, den sie sich als Raupe angefressen haben.

Die winzigen jungen Räupchen seilen sich an einem Seidenfaden von der mütterlichen Puppe herab und beginnen bald, sich ein Säckchen aus Pflanzenteilen zu bauen und es innen mit Seide auszuspinnen. In diesem «Tarnsack», den sie stets ihrer zunehmenden Größe anpassen, verbringen die Raupen ihr ganzes Leben, bis sie sich nach ein oder zwei Jahren darin verpuppen. Die Nahrung der Sackträger-Raupen besteht aus Moosen, Flechten, Algen, welkem Laub, einige Arten fressen auch an toten Insekten oder Aas.

Unauffällige Mitbewohner: Schneckenspinner, Sichelflügler und Wollrückenspinner

Limacodidae, Drepaninae, Drepanidae, Thyatirinae, Drepanidae

Während sich das Nördliche Platterbsen-Widderchen und das Grünwidderchen getrost auf ihre Warnfarbe verlassen können, trifft das für andere Falter lichter Laubwälder nicht zu. Nachtaktive Arten wie der **Große Schneckenspinner** *(Apoda limacodes)* und der gefährdete **Linden-Sichelflügler** *(Sabra harpagula)* vertrauen auf den Schutz der Nacht und haben unscheinbar hellbraune Flügel, die sie tagsüber wie ein welkes Blatt aussehen lassen. Die Raupen beider Falter leben an verschiedenen Laubbaumarten.

Die Schneckenspinner (Limacodidae) sind eine tropische Familie, die in Europa mit fünf Arten vertreten ist. Ihre breiten, flachen Raupen mit einem ovalen Körper, einer platten Bauchseite und nur winzigen, fast unsichtbaren Vorderfüßen ähneln eher Nacktschnecken als typischen Schmetterlingsraupen.

Gelegentlich ist in unseren Gärten die **Roseneule** *(Thyatira batis)* anzutreffen, die zu der kleinen Unterfamilie der Wollrückenspinner (Thyatirinae) gehört. Die Falter mit ihren unverwechselbar weiß-braunrosa gefleckten Vorderflügeln legen ihre Eier an Blätter der Himbeere, Brombeere und Roten Johannisbeere. Die jungen Raupen ahmen wie zahlreiche andere Schmetterlingsraupen mit ihrer schwarz-weißen Färbung und gekrümmten Haltung Vogelkot nach. Nach einigen Häutungen haben sie ihr Aussehen komplett geändert. Braun gefärbt und mit blattähnlich zugespitzten Doppelhöckern auf dem Rücken sind sie dann in der Laubstreu, in die sie sich tagsüber verkriechen, kaum zu sehen.

Ritterfalter: unsere größten Tagfalter

Papilionidae

Zu den Ritterfaltern gehören die größten Schmetterlinge der Welt. Auch unsere größten heimischen und allesamt wunderschönen Arten zählen zu dieser Schmetterlingsfamilie. Die Apollofalter haben wir bereits im Hochgebirge kennengelernt. Der Segelfalter, dem bekannteren Schwalbenschwanz nah verwandt, fliegt, wie wir gesehen haben, auf Trockenrasen. Sie alle sind, wie für Ritterfalter typisch, als Raupen recht wählerisch und fressen als monophage Raupen nur an bestimmten Pflanzenarten oder als oligophage Raupen an wenigen Arten einer bestimmten Pflanzenfamilie.

Schwalbenschwanz *(Papilio machaon)* und **Segelfalter** *(Iphiclides podalirius)* werden oft verwechselt, haben sie doch eine ähnliche Grundfärbung und die charakteristischen, ähnlich den Schwänzen von Rauchschwalben ausgezogenen Flügelenden. Anhand der über den gesamten Flügel herablaufenden schwarzen Binden und des ruhigeren, mehr segelnden Fluges ist der wärmeliebende Segelfalter vom häufigeren Schwalbenschwanz recht gut zu unterscheiden.

Eindrucksvoll ist die Balz beider Arten. Jahr für Jahr suchen die sonst verstreut in trockenen, blumenreichen Habitaten lebenden Tiere immer die gleichen Hügelkuppen und Bergkämme oder Burgruinen auf. Das geschäftige und unruhige Auf und Ab zuweilen sehr zahlreicher Männchen wird nur für kurze Momente unterbrochen, in denen sich Schwalbenschwänze auf dem Boden und Segelfalter auf Büschen oder kleinen Bäumen niederlassen. Sobald ein anderes Männchen zu nahe kommt, fliegt das ruhende Tier sofort auf und vertreibt den Rivalen. Auf der Suche nach einer geeigneten Stelle für die Eiablage können die Weibchen lange Strecken fliegen und auch Ortschaften und Wälder überqueren. Schwalbenschwanzweibchen legen ihre Eier in Mitteleuropa vor allem auf der Unterseite der Blätter aromatisch duftender Doldenblütler wie zum Beispiel Fenchel, Dill, Kleine Bibernelle oder Möhre ab, Segelfalter bevorzugen je nach Region Schlehen, Weißdorn-Arten, Echte Felsenbirne oder andere Rosengewächse. Beide Arten fliegen bei uns meistens in zwei Generationen pro Jahr. Übrigens fressen Wespen gerne Schwalbenschwanzraupen, Vögel aber meiden sie wegen der ätherischen Öle.

Der Schwalbenschwanz ist weit verbreitet und kommt in den gemäßigten Zonen der gesamten Nordhalbkugel vor. Durch den massiven Einsatz von Pestiziden war die Art Ende des 20. Jahrhunderts in Mitteleuropa immer seltener geworden. Wo Flächen biologisch bewirtschaftet werden, haben sich hier und da die Bestände inzwischen ein wenig erholt. Raupen des Schwalbenschwanzes, die man an Fenchel oder Möhren in Hausgärten finden kann, sind ein Zeichen für vorbildliche Bewirtschaftung eines Gemüsegartens. In den Agrarwüsten mit Intensivgrünland und Getreide- oder Rapsmonokulturen findet der Schwalbenschwanz aber keine Lebensgrundlage mehr.

Die Raupen der ersten beiden Generationen sind klein und schwarz und erinnern mit ihrer weißen Binde eher an ein Häufchen Vogelkot als an einen unserer schönsten Schmetterlinge. Doch mit ihrem unattraktiven Aussehen, einer Tarntracht, schützt sich die Raupe perfekt vor Fressfeinden. Die weiteren Raupengenerationen verlieren die schwarze Grundfärbung und weisen ein von gelb-roten Punkten durchbrochenes grün-schwarzes Streifenmuster auf. Das Muster sorgt für eine optische Verschmelzung der Raupe mit dem Hintergrund. Der Segelfalter hat hingegen schlichte, einfach grüne Raupen. Auch sie sind gut getarnt. Die wärmeliebenden Tiere liegen gerne auf der Oberseite eines Blattes auf einem kleinen Polster aus Spinnfäden und sonnen sich.

Der Segelfalter ist anspruchsvoller als der Schwalbenschwanz. Er benötigt ausreichend große und blütenreiche, warme bis heiße Halbtrocken- und Trockenrasen oder felsige Hänge mit eingestreuten Gebüschen, an denen die Raupen leben können. Aber diese Lebensräume werden immer seltener. Sobald die Flächen gedüngt werden, die Sträucher zu dicht wachsen oder sich gar Bäume ansiedeln, hat der Segelfalter keine Lebensgrundlage mehr. Andererseits kann auch das komplette Entfernen der Sträucher ganze Populationen auslöschen, und bei einer zu intensiven Beweidung verschwinden die Raupen im Magen der Schafe und Ziegen. Die Pflege der wertvollen Biotopkomplexe, in denen der Segelfalter heimisch ist, muss also sorgfältig geplant und durchgeführt werden.

Sein Verbreitungsgebiet reicht von Westeuropa und Nordwestafrika bis nach Zentralasien. In Mitteleuropa ist der Segelfalter stark gefährdet und in den meisten Regionen bereits ausgestorben. Südlich des Alpenhauptkammes ist die Art noch häufig.

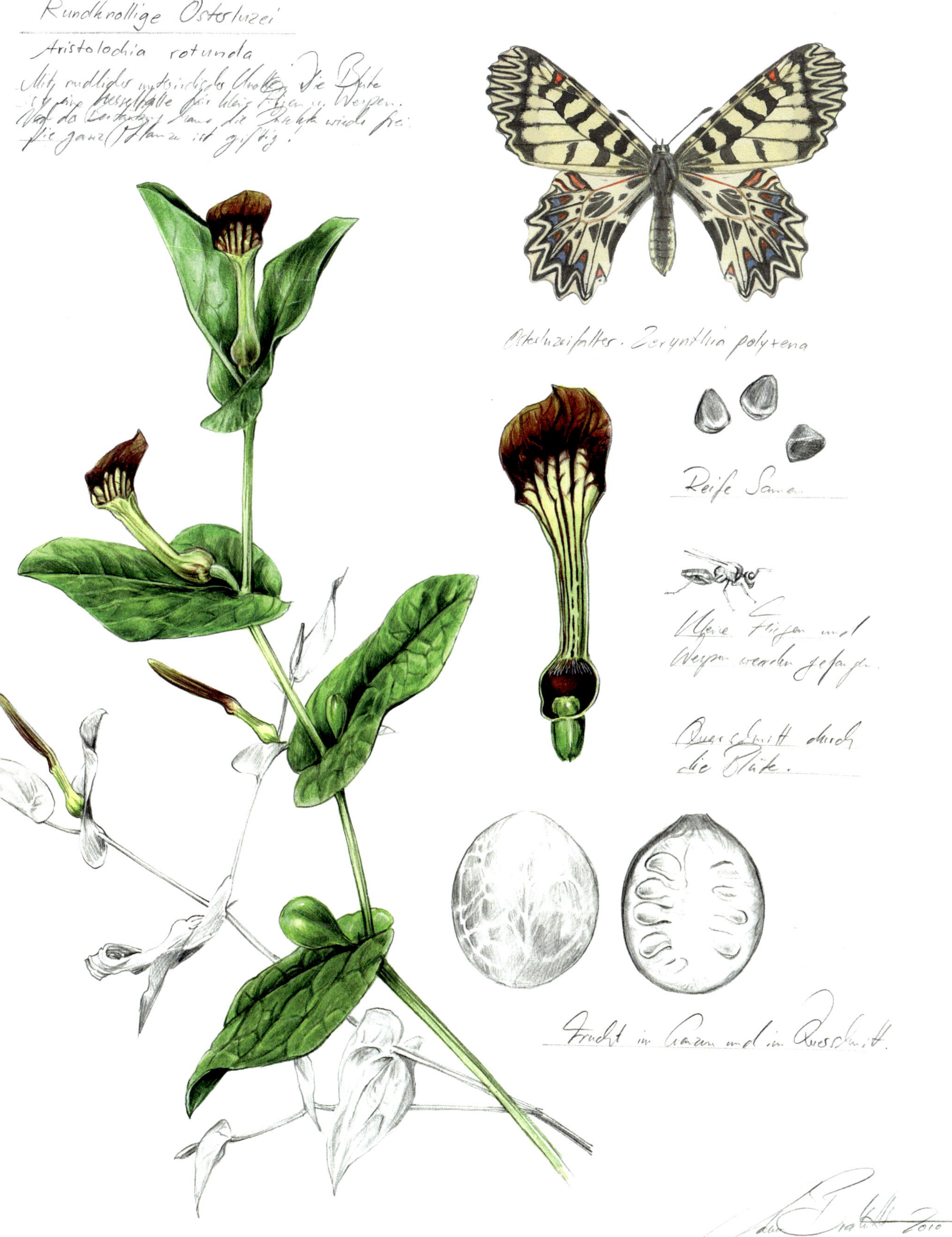
Rundknollige Osterluzei
Aristolochia rotunda
Die ganze Pflanze ist giftig!
Osterluzeifalter. Zerynthia polyxena
Reife Samen
Kleine Fliegen und Wespen werden gefangen.
Querschnitt durch die Blüte.
Frucht im Ganzen und im Querschnitt.
2010

HOCHSPEZIALISIERTE RAUPEN: DER OSTERLUZEIFALTER (*ZERYNTHIA POLYXENA*)

Im Mittelmeerraum fliegt ein Ritterfalter, der ähnlich wie Segelfalter und Schwalbenschwanz gefärbt, aber durch die kräftige Zeichnung seiner Flügelränder unverwechselbar ist. Es ist der **Osterluzeifalter** *(Zerynthia polyxena)*, der in alten, naturnahen Weinbergen, an Wegrändern, in Wiesen und an offenen Waldsäumen lebt. Hauptsache, die Nahrungspflanzen seiner Raupen, verschiedene Osterluzei-Arten, kommen vor.

Sämtliche Osterluzei-Arten, die früher vor allem in der Geburtshilfe wichtige Heilpflanzen waren, sind aufgrund ihrer Aristolochiasäuren hochgiftig und werden heute nicht mehr in der Medizin verwendet. Nur die Raupen des Osterluzeifalters lassen sich von den Giftstoffen nicht stören, sondern reichern sie in ihrem Körper zum Schutz an und werden dadurch für Fressfeinde ungenießbar. Die Giftstoffe verbleiben während der Metamorphose in der Puppe, die als Gürtelpuppe an einem Zweiglein festgesponnen ist, und gehen schließlich in den Falter über. Einen Haken hat dieses ausgeklügelte und für die Tiere aufwendige System allerdings: Die Immunität der Raupen ist nur auf die spezifischen Aristolochiasäuren der regional vorkommenden Osterluzei-Arten beschränkt. So fressen die Raupen in den Südalpen zum Beispiel an der Gewöhnlichen Osterluzei und der Rundblättrigen Osterluzei. Füttert man diese Raupen mit Blättern anderer Osterluzei-Arten, die in ihrer Heimatregion nicht wachsen, sterben sie.

Früher flog der Osterluzeifalter im Tessin in der Schweiz und in Deutschland an der unteren Donau bei Passau sowie in Sachsen. Heute reicht sein Verbreitungsgebiet nördlich bis in einige Täler der Südalpen und den Osten Österreichs. Er ist in der Europäischen Union streng geschützt, seine Populationen dürfen sich nicht mehr verkleinern. Doch das darf kein Grund sein, den Osterluzeifalter einfach irgendwo auszusetzen, wo Schmetterlingsfreunde meinen, er würde sich dort wohlfühlen und die lokale Fauna bereichern. So ist es geschehen im bayrischen Unterfranken, wo seit einigen Jahren der Osterluzeifalter wieder nachgewiesen werden kann. Bei allem Verständnis für den Wunsch, seltenen Arten eine Heimat zu geben: Solche Maßnahmen sind illegal, wenn sie nicht in Absprache mit den zuständigen Naturschutzbehörden geplant und durchgeführt werden.

Sportliche Flieger: die Dickkopffalter

Hesperidae

Wo Segelfalter und Schwalbenschwanz sich wohlfühlen, kommen auch viele andere Falterarten vor. Man muss schon genau hinschauen, um zwischen Steinen und vertrocknete Pflanzen den **Gelben Würfeldickkopf** *(Pyrgus sidae)* mit seiner dunkelgrauen Grundfärbung und den hellen, fast quadratischen Flecken zu entdecken. Der **Graubraune Dickkopffalter**, wie er auch genannt wird, ist wie die meisten Dickkopffalter ein Bewohner nährstoffarmer und blütenreicher Wiesen, Wegränder, Waldsäume und Straßenböschungen.

Nun, einen Dickkopf bringt man nicht unbedingt mit Faltern in Verbindung. Es ist kein schöner Name für eine Schmetterlingsfamilie, doch die Erklärung ist einfach: Die Schmetterlinge haben breite Köpfe, die sie unverwechselbar machen. Der wissenschaftliche Name Hesperidae wird den lebhaften und kräftigen Fliegern gerechter. Hier standen die griechischen Nymphen, die in ihrem Garten den Baum mit den goldenen Äpfeln bewachten, Pate.

Dickkopffalter sind hervorragende Flieger mit kräftiger Flugmuskulatur. Sie schwirren tagsüber von Blüte zu Blüte, um ihren hohen Energiebedarf mit zuckerreichem Nektar zu decken. Die Weibchen legen ihre Eier an die Unterseite der Blätter der Futterpflanzen. Sobald die Raupen schlüpfen, verspinnen sie einen Teil des Blattes und verlassen es nur zum Fressen. Die Raupen des Graubraunen Dickkopffalters leben in lichten Wiesen und Trockenrasen und fressen an Fingerkraut-Arten. Sie verbringen die Sommermonate in trockenen Fruchtständen und schützen sich auf diese Weise vor der extremen Hitze der Bodenoberfläche.

ORIGAMI AM BLATT

Raupen als begehrtes Vogelfutter müssen stets auf der Hut sein. Wie die Falter selbst haben sie viele Strategien entwickelt, um ihren Fressfeinden zu entgehen. Sie tarnen sich, reichern giftige Substanzen an, leben versteckt im Holz oder in Wurzeln oder fertigen sich einen Köcher an. Oder sie machen es wie die Raupen des **Malven-Dickkopfs** *(Carcharodus alceae)* und nutzen einfach ein Blatt ihrer Nahrungspflanze, um einen Unterschlupf herzustellen. Dafür schneiden die Malven-Dickkopfraupen das Blatt rund ein, klappen das eingeschnittene Stück um und spinnen es fest. Fertig ist die Behausung, die nur zum Fressen verlassen wird.

Der Malven-Dickkopfspanner legt seine Eier ausschließlich an Malvengewächse. Viele der heimischen Malvengewächse wie Wilde Malve, Rosen-Malve und Moschus-Malve sind typische Ruderalpflanzen, die sich zum Beispiel an Wegrändern und auf Industriebrachen ansiedeln. In Gärten werden gerne Stockrosen und Echter Eibisch gepflanzt. An allen diesen und anderen Malvengewächsen lohnt es sich, die Blätter genauer unter die Lupe zu nehmen und nach den charakteristischen umgeschlagenen Blattstücken zu suchen. Die Chance, eine Raupe des Malven-Dickkopfes zu finden, ist nicht schlecht, denn die Art scheint von der derzeitigen Ausbreitung von Malven zu profitieren. Trotzdem gilt die Art in Mitteleuropa noch als gefährdet. Hier fliegt sie in zwei Generationen, im Süden Europas sind mehrere Generationen im Jahr möglich.

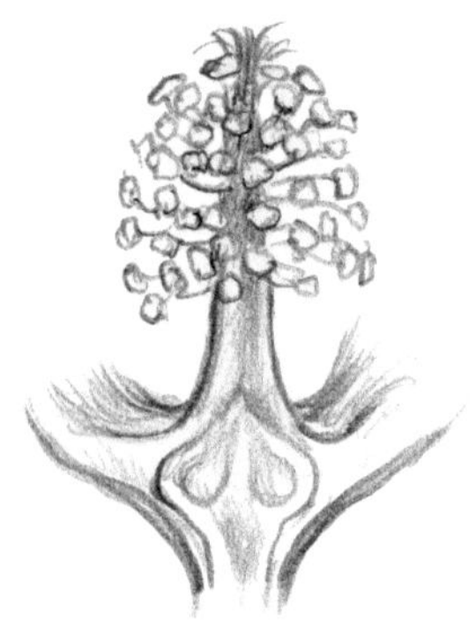

Der Malven-Dickkopf saugt an verschiedenen Blüten. Wichtige Nektarpflanzen sind die Malven selbst, die an der Oberseite ihrer Kelchblätter reichlich Nektar bilden. Beim Saugen des Nektars streifen die Falter mit ihrem Körper an einer Säule im Zentrum der Blüte vorbei, an der sich Staub- und Fruchtblätter befinden, dem Gymnostegium. Die Staubblätter reifen zuerst und pudern den Falter mit ordentlich Blütenstaub ein. Fliegt er dann zu einer Blüte, die schon im weiblichen Stadium ist, bei der also die Staubblätter bereits verwelkt sind und die Narben aus der Säule herausragen, wird genau dort der mitgebrachte Blütenstaub platziert und damit die Blüte bestäubt.

Wer die Wilde Malve pflanzt, tut übrigens nicht nur dem Malven-Dickkopf etwas Gutes, sondern holt sich gleichzeitig eine der ältesten Arznei- und Gemüsepflanzen in seinen Garten. Die Blätter können als Gemüse zubereitet werden und sind mit ihren reizmildernden Schleimstoffen Bestandteil von Husten- und Magentees.

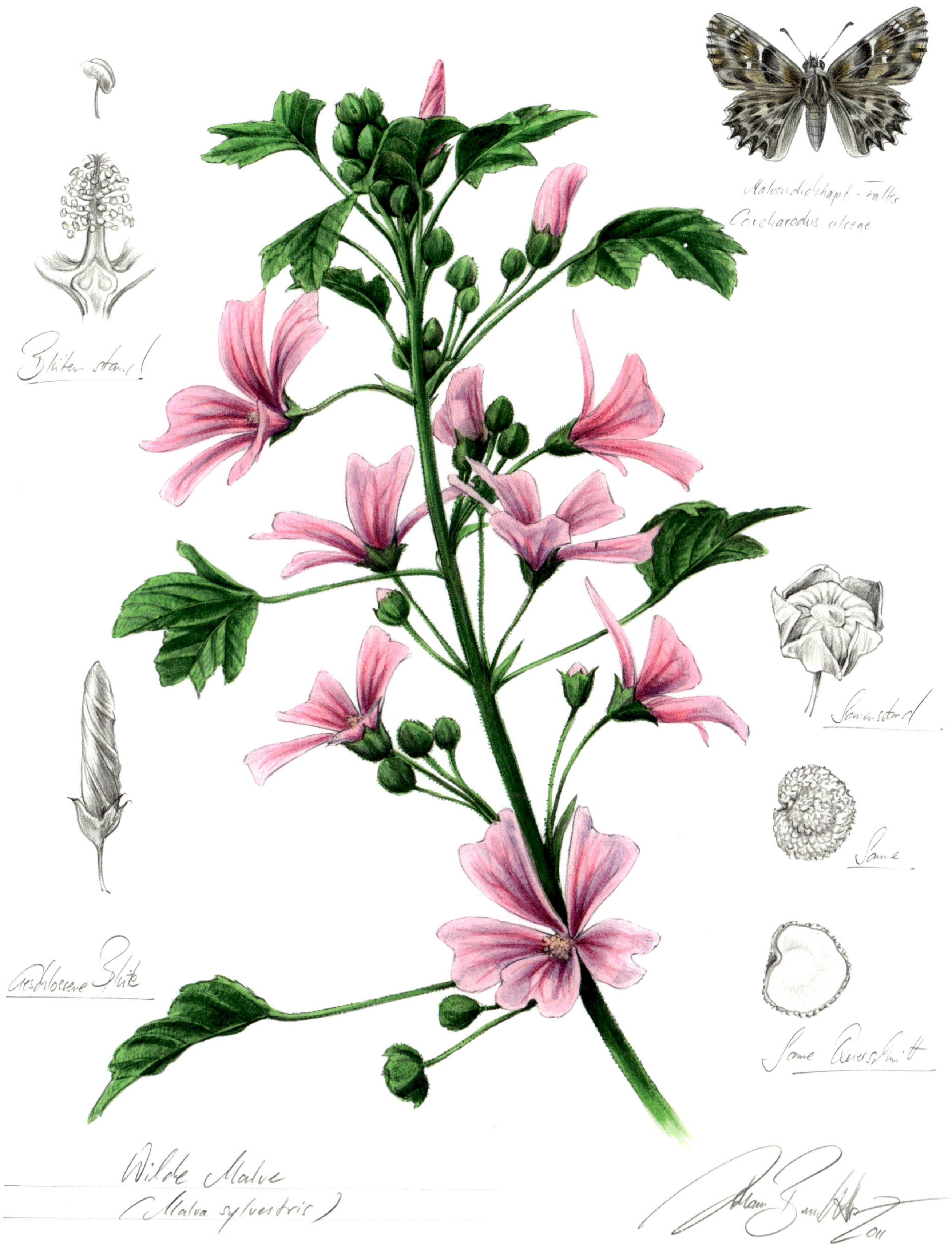
Blütenstand
Malvendickkopf-Falter
Carcharodus alceae
Samenstand
Same
Geschlossene Blüte
Same Querschnitt
Wilde Malve
(Malva sylvestris)
2011

J. Brandstetter 98

Von Weiß bis bunt: die Weißlinge

Pieridae

Jedes Jahr aufs Neue kündigt der **Zitronenfalter** *(Gonepteryx rhamni)*, der am ersten milden Vorfrühlingstag durch die Gärten fliegt, das Ende des Winters an. Der quietschgelbe Falter überwintert als erwachsener Falter und saugt an Frühjahrsblühern wie Kornelkirsche und Lerchensporn. Sobald er sich setzt, klappt er die Flügel zusammen und sieht dank seiner geschwungenen, spitzen Flügel und der markanten Aderung der Flügelunterseite wie ein helles Blatt aus. Er tut gut daran, sich zu tarnen, ist er doch im zeitigen Frühjahr ein beliebtes Opfer hungriger Vögel. Mit seiner Tarnung als Blatt bedient er sich eines Tricks, wie er dem aufmerksamen Naturbeobachter immer wieder begegnet: Tiere sehen aus wie ein Teil ihres Lebensraumes, zum Beispiel wie ein Teil einer Pflanze, eine andere Tierart oder auch wie ein Stein, um nicht aufzufallen. Die Biologen nennen dieses Phänomen, das uns bei Raupen wie Faltern immer wieder begegnet, Mimese.

Das glänzende Grün der Raupen stimmt mit der Farbe ihrer Nahrung, den Blättern des Faulbaums und verschiedener Kreuzdorn-Arten, überein. Erwachsene Raupen haben einen hellen Längsstreifen an der Seite. Durch diesen Streifen wird der seitliche Körperschatten der Raupe optisch aufgelöst und das Tier ist für seine Fressfeinde kaum noch sichtbar. Aus den grünen Gürtelpuppen, die fast waagerecht an einem Zweig hängen, schlüpfen im Sommer die Falter. Sie saugen gerne an verschiedenen violetten Blüten von Disteln und Nelken.

Der Zitronenfalter ist ein Methusalem unter den heimischen Schmetterlingen. Die Falter, die im Sommer schlüpfen, begegnen uns im Folgejahr als Frühlingsboten. Es liegt aber nicht an mangelnder Beobachtungsgabe, dass wir diese Art nur selten im Jahreslauf zu Gesicht bekommen, wie es die lange Lebensdauer von fast zwölf Monaten vermuten lässt: Der Zitronenfalter verschläft die meiste Zeit des Jahres. Er hängt sich bald nach

dem Schlupf kopfüber an einen Zweig, klappt zur Tarnung die Flügel zusammen, fährt zur Energieeinsparung seinen Stoffwechsel herunter und fällt in einen Tiefschlaf. Im Herbst fliegt er noch mal kurz umher und sucht sich sein Winterquartier in einer Baumspalte oder in einem dichten Strauch. Sagt ihm eine Unterkunft zu, klappt er wieder die Flügel zusammen und fällt erneut in den Tiefschlaf. Allerdings muss er sich jetzt zum Winter hin vor Frost schützen. Also reduziert der Falter den Wassergehalt in seinem Körper und produziert als Frostschutzmittel Glycerin. So übersteht er auch tiefste Temperaturen, wie sie in Mitteleuropa vorkommen können, und erfreut uns jedes Jahr aufs Neue im Frühjahr. Dank der Tatsache, dass die Nahrungspflanzen der Raupen genauso wie die Lebensräume des Falters noch weit verbreitet sind, gehört der Zitronenfalter zu den wenigen Arten, die auch in Grünanlagen und Gärten der Großstädte anzutreffen sind.

Ein anderer Frühlingsbote ist der **Aurorafalter,** der wie der Zitronenfalter zur großen Schmetterlingsfamilie der Weißlinge (Pieridae) mit über 1000 Arten gehört. In seinem wissenschaftlichen Artnamen *Anthocharis cardamines* trägt er den Namen einer seiner Nahrungspflanzen, des Schaumkrauts *(Cardamine)*, an dem sich nicht nur die Raupen tummeln, sondern auch die Falter, die den Nektar der lilarosa Blüten saugen. Die Männchen des Aurorafalters sind mit ihren orangen Flügelspitzen im Flug sehr auffällige Falter. Doch sobald sie sich niedersetzen, klappen sie ihre Flügel zusammen und sind mit ihrer weiß-grün-braunen Musterung der Flügelunterseite kaum noch zu sehen. Auch Larven und Puppen sind bestens getarnt: Die lang gestreckten, grünen Raupen sehen wie Blüten- und Blattstiele der Wirtspflanzen aus und die hellbraunen Puppen wie ein zusammengerolltes, spitzes und trockenes Blatt.

Mit ihren hellen Flügeloberseiten und schwarzen Augenflecken ähneln die Weibchen des Aurorafalters denen anderer Weißlinge. Die Weibchen des **Berg-Weißlings** *(Pieris bryoniae)* hingegen sind dank ihrer graugelben bis graubraunen Flügeloberseite leicht von anderen Weißlingen zu unterscheiden. Die Art lebt, wie der Name schon ahnen lässt, in höheren Lagen und steigt auf blumenreichen Wiesen und in Bachtälchen der Alpen bis auf knapp 3000 Meter hoch hinauf. Nur der Alpen-Weißling *(Pontia callidice)* fliegt höher. Er hält mit 3600 Metern den Weißling-Höhenrekord.

Fast alle Weißlinge wie die bekannten Kohlweißlinge lieben als Raupen verschiedene Kreuzblütler, zu denen bekannte Nutzpflanzen wie Kohl und Kresse gehören. Der Name des **Senfweißlings** *(Leptidea sinapis)* hingegen ist völlig irreführend. Seine Raupen verschmähen Senf. Sie fressen sich an verschiedenen Schmetterlingsblütlern satt. Daher haben sich für diese Art im Deutschen allmählich die Namen «Leguminosen-Weißling», «Tintenfleck-Weißling» oder auch «Schmalflügel-Weißling» durchgesetzt. Diese Fülle deutscher Namen hat sich hier als sehr nützlich erwiesen. Molekulargenetische Unter-

suchungen an verschiedenen *Leptidea*-Populationen Zentraleuropas machten deutlich, dass wir es hier nicht mit einer einzigen, sondern drei verschiedenen Schmetterlingsarten zu tun haben. So wurden die bestehenden deutschen Namen einfach auf die neuen Arten aufgeteilt, und wir unterscheiden jetzt den Leguminosen-Weißling *(Leptidea sinapis)*, den Verkannten Schmalflügel-Weißling *(L. juvernica)* und Reals Schmalflügel-Weißling *(L. reali)*. Der Schmetterlingsfreund mag aber getrost beim alten Namen Senfweißling, der alle drei Arten vereint, bleiben. Die neu erkannten Arten sind ausschließlich für Spezialisten anhand der Genitalstrukturen und die beiden Letzteren sogar nur anhand molekularer Daten unterscheidbar. Das mag ein wenig spitzfindig klingen. Aber die Leguminosen-Weißlinge sind ein schönes Beispiel dafür, dass die Fauna und Flora Europas immer noch Überraschungen bereithält.

Im Jahr 2000 flog der **Regensburger Gelbling** oder **Orangerote Heufalter** *(Colias myrmidone)* zum letzten Mal in einem Naturschutzgebiet bei Regensburg. Seither ist er in Deutschland ausgestorben. Der Lebensraum des anspruchsvollen Falters ist ein kleinräumiges Mosaik aus südexponierten, mageren und blütenreichen Wiesen, Felsfluren, Gebüschen und lichten Gehölzen in Flusstalnähe. Seine wichtigste Raupen-Nahrungspflanze ist der Zwillings- oder Regensburger Zwergginster, von dem er stets frische Triebe benötigt. Vom Weidevieh verbissene, niedrige Sträucher werden genauso gemieden wie zu hohe Büsche. Deshalb ist die Pflege der verbliebenen Lebensräume nicht einfach. Die Flächen dürfen nicht zuwachsen, aber eine zu intensive Mahd oder Beweidung vernichtet Raupenpflanzen und Nektarquellen gleichzeitig. Dem Regensburger Gelbling ist Letzteres zum Verhängnis geworden. Er zählt zu den Arten, die trotz europaweiten Schutzes in den letzten Jahren in zahlreichen Ländern und sehr schnell ausgestorben sind. Während er noch vor wenigen Jahren in zwölf europäischen Ländern vorkam, fliegt er heute nur noch in Polen, Rumänien und der Slowakei. Ostwärts reicht sein Verbreitungsgebiet über den Kaukasus bis ins südwestliche Russland, wo der dramatische Rückgang der Art anhält. Ob die derzeitigen Schutzbemühungen angesichts der anhaltenden Intensivierung der industriellen Landwirtschaft, der Aufgabe traditioneller Bewirtschaftungsweisen und der zunehmenden Zerschlagung kleinbäuerlicher Betriebe noch helfen, bleibt abzuwarten. Der Regensburger Gelbling kann nur dann auf Dauer überleben, wenn in der Agrar- und Forstpolitik eine erhebliche Wende erreicht wird.

Kanarische Kleopatrafalter
Gonepteryx cleobule eversi (La Gomera)
Gonepteryx cleobule palmae (La Palma)
Raupe
Gonepteryx cleobule cleobule
Tenerife
Raupenfutterpflanze: Rhamnus crenulata
JOHANN BRANDSTETTER

JEDER INSEL EINE EIGENE KLEOPATRA

Die Kanarischen Inseln sind vor allem als beliebtes Urlaubsziel bekannt. Wer auf einem der Flughäfen ankommt, die in die kargen Landschaften im Süden der Inseln gebaut wurden, mag nicht gleich erkennen, dass er auf einem der evolutionsbiologisch interessantesten Archipele der Welt gelandet ist! Mehr als 500 Pflanzenarten kommen als sogenannte endemische Arten nur hier im «Galapagos der Pflanzenwelt» und sonst nirgends auf der Welt vor. 60 Prozent dieser Endemiten sind sogar auf eine oder wenige Inseln beschränkt. Die Inseln sind reich an unterschiedlichsten Lebensräumen: Trockene Wüstenregionen der Südküsten grenzen an sonniges, trockenes Buschland, von der Gischt beeinflusste Felsen gehen in steile schattige oder besonnte Felswände über, triefend nasse, von Moosen reich behangene, immergrüne Lorbeerwälder werden mit zunehmender Höhe von Baumheiden und ausgedehnten Wäldern der Kanaren-Kiefer abgelöst, bis auf den höchsten Inseln Teneriffa und La Palma über der Baumgrenze schließlich Ginstergebüsche und Geröllfluren dominieren. Und dies alles auf Inseln, von denen man auch die größeren problemlos an einem Tag mit dem Auto umrunden kann.

So ist es nicht verwunderlich, dass auf den Kanaren auch besondere Schmetterlinge zu finden sind. Zu ihnen gehören die Kanaren-Kleopatra-Falter aus der Gattung ***Gonepteryx***, die auf Teneriffa, La Gomera und La Palma heimisch sind. Sie zeichnen sich durch hellgrüne Flügelunterseiten und eine orange Oberseite der Vorderflügel aus. Vergleicht man das Orange der Falter von den verschiedenen Inseln, stellt man fest, dass die Falter jeder Insel einen eigenen, charakteristischen Farbton haben. Und mehr noch: Die Falter der unterschiedlichen Inseln können sich nicht untereinander paaren. Molekulargenetische Untersuchungen unterstützen die Ansicht, dass es sich bei den Kleopatra-Faltern der Kanaren um eigenständige Arten handelt, die mit wissenschaftlichen Namen ***Gonepteryx cleobule*** (Teneriffa-Kleopatra-Falter), ***G. palmae*** (La Palma-Kleopatra-Falter) und ***G. eversi*** (La Gomera-Kleopatra-Falter) heißen. Durch das Meer getrennt, blieben die Kleopatra-Falter der einzelnen Inseln unter sich und entwickelten die unterschiedlichen Merkmale, anhand derer sie heute zu unterscheiden sind. Ihre ökologischen Ansprüche hingegen sind weitgehend gleich geblieben. Dieses Phänomen wird Vikarianz genannt.

Die kanarischen Kleopatra-Falter sind auf die kühleren und feuchten Nordseiten der Inseln beschränkt. Im häufig wolkenlosen Süden ist es zu warm und zu trocken. Im Frühjahr fliegen die Falter in Lagen um 500 Meter und legen ihre Eier auf die Blätter des Gekerbtblättrigen Kreuzdorns ab. Im Sommer wandern sie in die Höhe und sind vor allem im Übergangsbereich zwischen Lorbeer- und Kiefernwald um 1200 Meter anzutreffen. Im Herbst schließlich fliegen sie wieder zurück in tiefere Lagen.

J. Brandstetter '97

Fröhliche Vielfalt: die Bläulinge

Lycaenidae

Keine Blumenwiese ohne Bläulinge. Als blütenreiche Wiesen in unserer Landschaft noch häufig waren und Wegränder und Bahndämme weder totgemäht noch totgespritzt wurden, waren überall Bläulinge anzutreffen. Aber wer heute viele Bläuling-Arten sehen möchte, muss hoch hinaufsteigen. Am besten in abgelegene Regionen der Südalpen, dorthin, wo weder Skipisten, Mountainbike-Parcours, Gülle oder die Überweidung mit Kühen oder Pferden die Bergblumenwiesen zerstört haben. Dort fliegen sie noch in großer Zahl. Es sind gesellige Tiere, vor allem die Männchen. In größeren Gruppen sitzen sie auf feuchten Bodenstellen oder am Rand von Pfützen, um Wasser und Mineralien aufzunehmen. In den Abendstunden versammeln sie sich an Blütenständen, wo sie gemeinsam die Nacht verbringen.

Die kleinen Falter tragen Namen, die das Farbenspektrum der Familie widerspiegeln: Es gibt einen Himmelblauen, einen Silbergrünen und einen Silber-Bläuling, und es gibt einen Blauschillernden, Violettsilber- und einen Lilagold-Feuerfalter, um nur einige der knapp 60 mitteleuropäischen Arten zu nennen.

Die Echten Bläulinge (Polyommatinae) mit den blauen Flügeloberseiten haben der ganzen Schmetterlingsfamilie ihren Namen gegeben. Allerdings besitzen häufig nur die Männchen die schillernden blauen Flügel, deren Blau wie bei den Morphofaltern und den Schillerfaltern nicht auf Farbpigmenten, sondern auf Interferenzfarben beruht. Die Weibchen sind in der Regel braun und unscheinbar gefärbt, nur wenige sind leuchtend blau oder haben zumindest einen blauen oder violetten Schimmer.

Unsere häufigste und robusteste Bläuling-Art ist der **Gewöhnliche Bläuling** *(Polyommatus icarus)*, der auf Magerrasen und nicht oder kaum gedüngten, Wiesen, an Bahndämmen, Straßenrändern und in Kiesgruben fliegt. Weitaus seltener ist der **Himmelblaue Bläuling** *(Lysandra bellargus)*, der ein Bewohner offener, trockener Magerrasen ist.

Beide Arten fliegen mit zwei Generationen im Jahr. Ihre nachtaktiven Larven haben die typische asselförmige, plumpe Gestalt der Bläuling-Raupen und fressen vorwiegend an verschiedenen Schmetterlingsblütlern. Tagsüber ruhen sie in der Streuschicht unter ihren Nahrungspflanzen und sind nicht leicht zu finden. Vielleicht hat man Glück, wenn man niederliegende Blätter der Futterpflanzen anhebt. Wenn darunter ein hektisches Ameisentreiben beginnt, ist man wahrscheinlich fündig geworden. Denn Bläulinge haben eine besondere Beziehung zu Ameisen: Die Raupen bieten in ihren Honigdrüsen ein zuckerhaltiges Sekret an, was die Ameisen, wahre Süßschnäbel, gerne annehmen. Im Gegenzug schützen die Ameisen ihre tierischen Honigquellen vor Fressfeinden. Mit spezifischen Duftstoffen, den Pheromonen der jeweiligen Ameisenart, kommunizieren sie miteinander. Sollten die Ameisen trotzdem mal etwas kräftiger zubeißen, ist das den Raupen egal. Sie haben eine feste, schützende Haut. Von diesem gegenseitigen Geben und Nehmen profitieren beide, die Falter- und die Ameisenart – ein klassisches Beispiel für eine Symbiose.

Manche Bläulinge sind schwierig zu unterscheiden. Weil die Oberseite bei vielen Arten recht einheitlich ist, hilft ein Blick auf die Flügelunterseite, die vielfach ein charakteristisches Muster von unterschiedlichen Punkten und mehr oder weniger gezackten Reihen hat. Eine kleine Gruppe von Bläulingen zeichnet sich auf der Flügelunterseite durch metallisch glänzende Flecke in der Randbinde aus, die «Silberfleck-Bläulinge». So leicht die Gruppe, zu welcher der weit verbreitete **Geißklee- oder Argus-Bläuling** *(Plebejus argus)* gehört, zu erkennen ist, so schwierig sind wiederum die einzelnen Arten zu bestimmen. Das ist meistens nur anhand von Genitalpräparaten möglich. Die Genitalapparate der einzelnen Arten wirken nach dem Schlüssel-Schloss-Prinzip: Tiere unterschiedlicher Arten können sich nicht mehr paaren.

Der **Silbergrüne** oder **Silber-Bläuling** *(Lysandra coridon)* fliegt wie der Argus-Bläuling im Hochsommer in Kalktrockenrasen und offenen Sandheiden und stellt an sein Habitat einen besonderen Anspruch: Weil er gruppenweise und kopfüber an kniehohen Grashalmen angehängt schläft, verträgt er es nicht, wenn die ganze Fläche auf einmal gemäht wird. Besser ist – und das gilt generell für unsere bunt blühenden Magerrasen und ihre Lebensgemeinschaften – die Bewirtschaftung einer Fläche durch die klassische Wanderschäferei. Ziehende Schafe fressen die Vegetation in unterschiedlicher Höhe ab und lassen harte Gräser stehen. Für den Bläuling ist das Nachtlager gerettet.

Doch leider werden immer weniger Wiesen und Magerrasen mit Schafen beweidet. Der harte Alltag rund um die Uhr, ein Haufen Bürokratie und ein Verdienst weit unter dem Mindestlohn zwingen immer mehr der noch verbliebenen Wanderschäfer zur Aufgabe. Naturschutz in Mitteleuropa heißt aber auch, die traditionelle kleinbäuerliche Landwirtschaft, die unsere Kulturlandschaft geformt hat, zu bewahren, zu fördern und zu unterstützen. Das muss endlich mit der Änderung politischer Rahmenbedingungen zugunsten einer nachhaltigen Landwirtschaft geschehen, aber auch mit dem konsequenten Einkauf im Hofladen statt im Billigdiscounter. Nur so haben der Silber-Bläuling und all die anderen Schmetterlingsarten bunt blühender Magerrasen bei uns eine Überlebenschance.

Nicht alle Echten Bläulinge sind blau. Männchen wie Weibchen des **Kleinen Sonnenröschen-Bläulings** *(Aricia agestis)* und des **Großen Sonnenröschen-Bläulings** *(A. artaxerxes)* haben braune Flügeloberseiten, deren Rand eine Reihe oranger Halbmonde ziert. Die beiden Arten unterscheiden sich vor allem in ihrer Verbreitung. Der Große Sonnenröschen-Bläuling kommt vom Polarkreis südlich bis zum Atlas und östlich bis zum Ural sowie in den höheren Lagen Mitteleuropas ab 1000 Meter vor. Der Kleine Sonnenröschen-Bläuling ist wärmeliebender und von Nordafrika über Europa bis nach Ostasien verbreitet. In Mitteleuropa fliegt er in den tieferen, wärmeren Lagen.

Kleiner Sonnenröschen-Bläuling

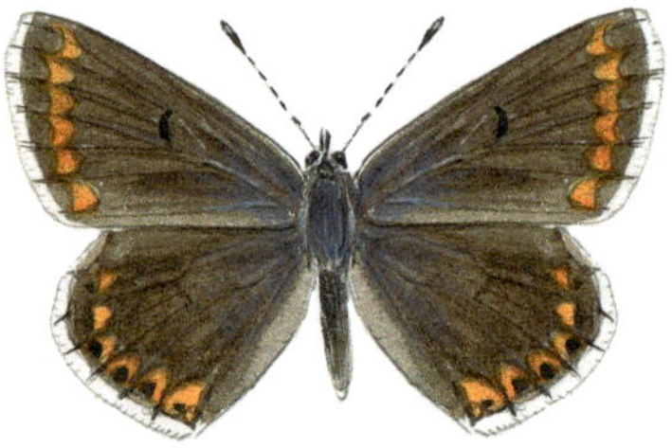

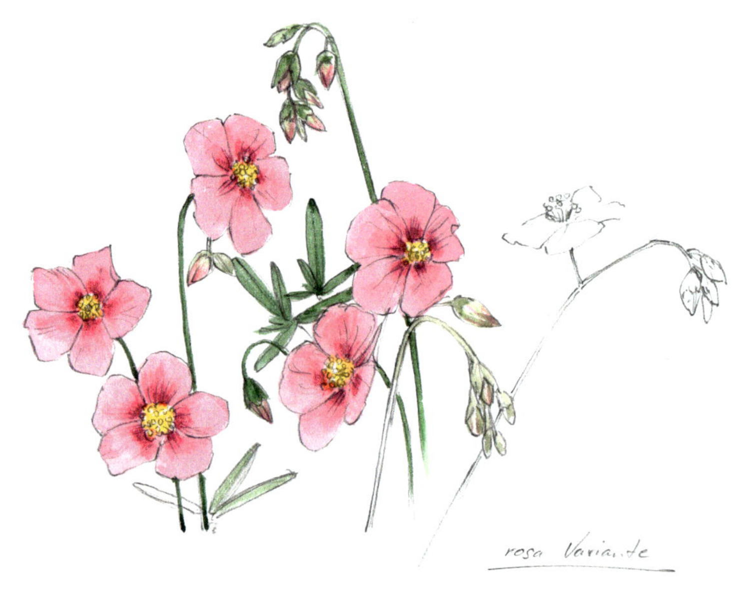

Schwarzbrauner Bläuling

Aricia agestis

rosa Variante

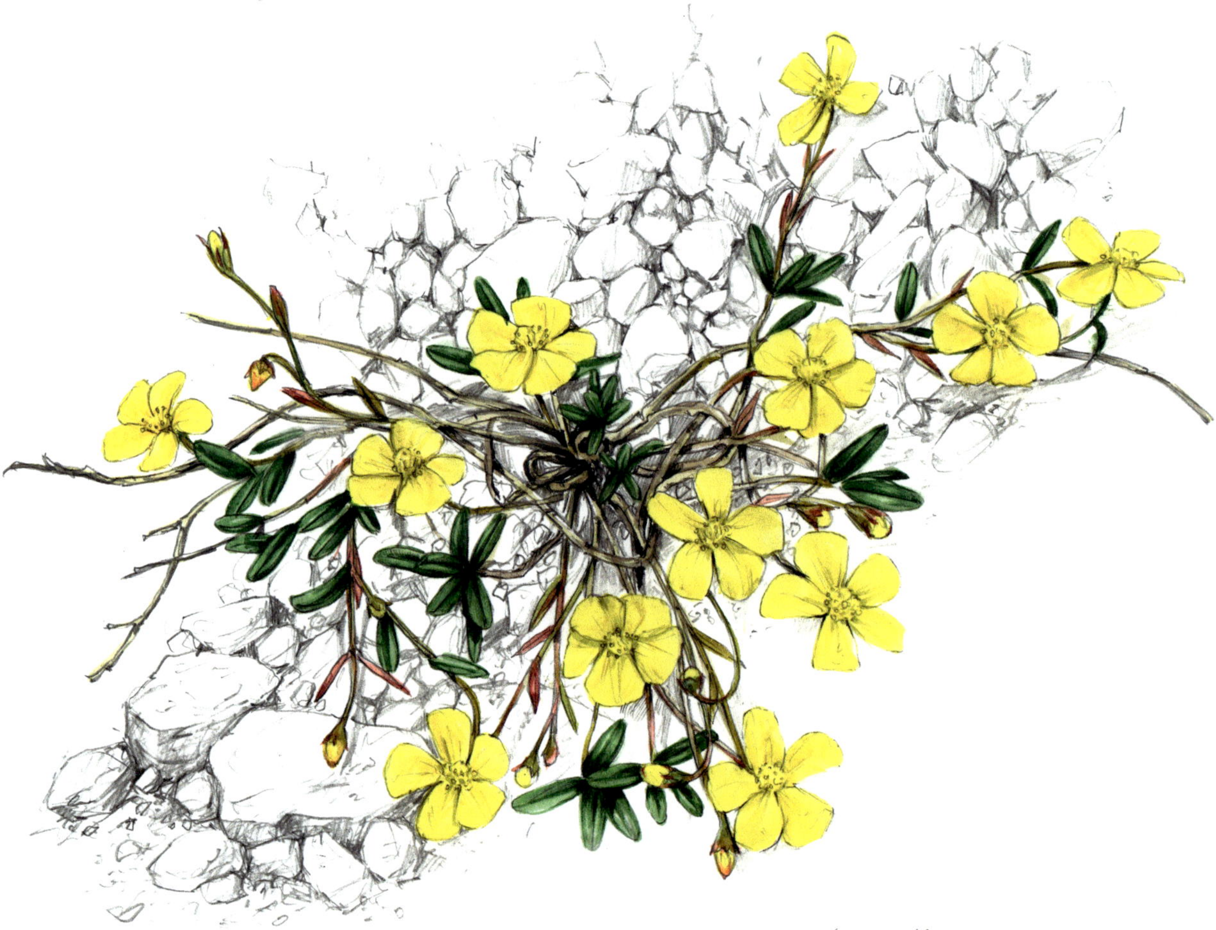

Helianthemum nummularium

Gemeines Sonnenröschen

Seine wichtigste Futterpflanze, das Gewöhnliche Sonnenröschen, ist eine typische Art steiniger, offener Kalkmagerrasen. Die Sonnenröschen-Blüten öffnen sich nur bei Sonnenschein über 20 Grad Celsius und geben dabei die zahlreichen Staubblätter frei. Berührt ein Insekt die Staubblätter, spreizen sie sich langsam nach außen ab – wahrscheinlich dient das dazu, die Bestäuber mit möglichst viel Blütenstaub einzupudern. Wird es wieder kälter oder beginnt es gar zu regnen, schließen sich die Blüten wieder. Spätestens am Nachmittag sind sie verwelkt und die Blütenblätter fallen ab. In der Morgensonne am folgenden Tag öffnen sich die nächsten Blüten.

Die Gattung, die zu den Zistrosen gehört, hat im Mittelmeergebiet mit rund 80 Arten ihren Verbreitungsschwerpunkt. Das Gewöhnliche Sonnenröschen ist die einzige mitteleuropäische Art und vor allem in einer rosa blühenden Form als Steingartenpflanze sehr beliebt. Aber auch das wild vorkommende, gelbe Sonnenröschen eignet sich gut für den heimischen Garten. Dazu dürfen aber ausschließlich Pflanzen aus gärtnerischer Nachzucht genutzt werden! Ein Ausgraben am natürlichen Standort würde die Pflanze ohnehin nicht überleben.

FLIEGENDES FEUER

Im Gegensatz zu den Echten Bläulingen mögen es die meisten Feuerfalter (Lycaeninae) kühler und feuchter: Ihre Raupen fressen an Ampfer- und Knöterich-Arten, die in Nass- und Feuchtwiesen, an Bachufern und Grabenrändern wachsen. Der **Große Feuerfalter** *(Lycaena dispar)*, mit leuchtend orangen Flügeloberseiten die prächtigste Art dieser Gruppe, legt seine Eier am Fluss-Ampfer oder anderen Ampfer-Arten ab. Er ist europarechtlich und in der Schweiz streng geschützt. Trotzdem wird der Große Feuerfalter immer seltener, denn seine Lebensräume werden zerstört.

Eine andere, noch seltenere Feuerfalterart, den **Blauschillernden Feuerfalter** *(Lycaena helle)*, haben wir schon auf dem Hochmoor kennengelernt. Die sehr kleine Art, deren Flügelspannweite nicht mal eineinhalb Zentimeter erreicht, legt ihre Eier bevorzugt am Schlangen-Wiesenknöterich ab. Während der Große Feuerfalter eine weitgehend europäische Art ist, deren Areal ostwärts gerade bis zum Schwarzen Meer reicht, kommt der Blauschillernde Feuerfalter vor allem in der borealen Zone von Skandinavien über Sibirien bis in die Amurregion vor.

KLEINER ZIPFEL, GROSSE TÄUSCHUNG

Die dritte Gruppe in der Runde der Bläulinge sind die Zipfelfalter (Theclinae, Eumaeini). Ihr namensgebendes Kennzeichen sind kurze Zipfel an den Hinterflügeln, an deren Basis sich ein Augenfleck befindet. Die Falter sitzen meist kopfüber in Sträuchern und Bäumen, die Zipfel ragen nach oben. Für einen Fressfeind mag das aussehen, also ob da ein Insekt mit Fühlern sitzt, und er schnappt nach einem vermeintlichen Kopf. Erwischt hat er bestenfalls aber nur das Hinterende des Hinterflügels, und der Falter kann fliehen.

Viele Schmetterlingsarten überwintern als Raupe oder Puppe, manche als Imago, also als erwachsener Falter. Der **Blaue Eichen-Zipfelfalter** *(Favonius quercus)* überwintert als Ei, das das Weibchen an die Blütenknospen verschiedener Eichen-Arten legt. Die weißen, etwas stacheligen Eier erinnern an kleine Seeigel. Nach dem Schlüpfen frisst die Raupe, die kaum von einer Eichenknospe zu unterscheiden ist, bevorzugt die Blüten. Anfang Juni lässt sie sich vom Baum fallen und verpuppt sich in der Bodenstreu. Bei Berührung gibt die Puppe ein deutlich wahrnehmbares Zirpen von sich.

Die meisten Zipfelfalter leben wie der **Nierenfleck-Zipfelfalter** *(Thecla betulae)* in lichten Wäldern und Gebüschen. Die Weibchen des Nierenflecks sind an dem orangeroten, nierenförmigen Bogen auf den Vorderflügeln, der den Männchen fehlt, gut zu erkennen. Der Falter schlüpft spät im Sommer und ruht in einer sogenannten Sommerdiapause dann häufig bis zum Herbst. Beide Arten, der Nierenfleck-Zipfelfalter und der Eichen-Zipfelfalter, sind nur selten zu sehen. Sie fliegen meistens in den Baumkronen und saugen dort den Honigtau von Blattläusen.

Wenn er in der Vegetation sitzt, ist der **Grüne** oder **Brombeer-Zipfelfalter** *(Callophrys rubi)* praktisch unauffindbar: Die kleine Art hat als einziger Falter Mitteleuropas grüne Flügelunterseiten. Sie überwintert als Puppe in der Streu und gehört zu den ersten Tagfaltern, die im Jahreslauf erscheinen. Zuweilen sind die territorialen Männchen tagsüber zu beobachten, wie sie Eindringlinge vertreiben. Im Gegensatz zu den meisten anderen Zipfelfaltern fliegen sie nicht in Wäldern und Gebüschen, sondern in offenen, warmen und trockenen Habitaten wie in Magerrasen, Heiden oder am Rand von Mooren.

RÄUBERISCHE RAUPEN

Auf die Spitze mit ihrer Ameisenliebe treiben es die Bläulinge der Gattung *Phengaris*, die Ameisenbläulinge. Vielen Schmetterlingsfreunden sind die Ameisenbläulinge besser unter dem wissenschaftlichen Gattungsnamen *Maculinea* bekannt. Wie in zahlreichen anderen Gruppen haben auch hier molekulargenetische Untersuchungen zu neuen Erkenntnissen über die Verwandtschaftsverhältnisse geführt, sodass die früher in der Gattung *Maculinea* zusammengefassten Arten heute in die Gattung *Phengaris* eingereiht werden.

Zwei der – je nach Auffassung – vier oder fünf Ameisenbläuling-Arten legen ihre Eier in die Blütenstände des Großen Wiesenknopfes, einer typischen Art feuchter Wiesen und lichter Hochstaudenfluren. Der Helle Wiesenknopf-Ameisenbläuling *(Phengaris teleius)* legt seine Eier in noch nicht erblühte Blütenstände, der **Dunkle Wiesenknopf-Ameisenbläuling** *(Ph. nausithous)* hingegen platziert seine Eier an bereits offene Blüten. Dort leben und fressen die Raupen während der ersten drei Larvalstadien. Anschließend lassen sie sich auf den Boden fallen oder kriechen nachts den bis einen Meter hohen Blütenstängel herunter. Ist in der Nähe ein Nest der Ameisengattung *Myrmica*, einer Roten Wiesenameise, werden die Ameisen schnell auf die Raupen mit ihren Honigdrüsen aufmerksam. Mit artspezifischen Pheromonen, die in Drüsen auf der Haut gebildet werden, imitieren die Raupen zusätzlich den Nestgeruch der Ameisen. Deshalb adoptieren die Ameisen kurzerhand die Raupen und schleppen sie in ihr Nest. Und dort werden die bis dahin vegetarischen Raupen zu parasitischen Räubern und beginnen, die Ameisenbrut zu vertilgen. Die gefräßigen Raupen der Wiesenknopf-Bläulinge überwintern geschützt und sicher im Ameisennest und lassen sich zuweilen noch den Folgesommer und einen zweiten Winter von den fleißigen Ameisen durchfüttern. Ameisenbläulinge sind hoch spezialisiert und auf bestimmte Ameisenarten angewiesen. Landet eine Raupe im Nest einer «falschen» Ameisenart, bemerken die Ameisen nach einer Weile den Schwindel und machen kurzen Prozess.

So sich die Raupe ungestört an Ameisenlarven sattfressen konnte, ist im Frühjahr die Zeit für die Verpuppung gekommen. Damit die Puppe nicht zur Ameisenbeute wird, scheidet auch sie Honigtau ab. In dem Moment aber, in dem der fertige Falter aus der Puppe schlüpft, wird es brenzlig. Der ausgewachsene Schmetterling hat nicht mehr den Stallgeruch der Ameisen. Er muss sich schleunigst aus dem Staub machen. In den frühen Morgenstunden, wenn die Ameisen aufgrund der kühleren Temperaturen noch träge sind, schlüpft er und kriecht aus dem Bau. Erst wenn er erfolgreich seiner Kinderstube entkommen ist, entfaltet er seine Flügel.

Die räuberische Lebensweise hat zur Folge, dass in einem Nest nur eine oder recht wenige Raupen satt werden können. Größere Ameisenvölker verschmerzen den Verlust an eigener Brut, ändern aber im Anschluss an die großzügige Beherbergung der ungebetenen Gäste ihren Duftstoff und schleppen sich dadurch vorerst keine Bläulings-Kuckucksbrut mehr ins Nest. Allerdings nur so lange, bis die Bläuling-Raupen wieder den Stallgeruch der Ameisen kopiert haben und sich als Larve in deren Nester tragen lassen.

Die Falter beider Wiesenknopf-Bläulinge saugen vorzugsweise den Nektar ihrer Raupennahrungspflanze, dem Großen Wiesenknopf. Auf ihm findet auch die Begattung statt, in deren Anschluss das Weibchen seine Eier wieder tief in Blütenköpfchen legt. Mit dem Schlupf der Raupe, die sich sofort in eine Blüte einbohrt, beginnt der Zyklus dieses Bläulings aufs Neue. Vorausgesetzt, in der Wiese leben noch die Wirtsameisen. Doch das ist immer seltener der Fall. Durch Auflassen magerer Wiesen und Weiden, durch Verbuschung, Aufforstung oder das Ausbringen von Dünger und Gülle werden die Wirtsameisen der Ameisenbläulinge zunehmend seltener.

Die Ameisenbläulinge sind Beispiele für Arten, die aufgrund ihres komplexen Lebenszyklus sehr spezifische Ansprüche an ihren Lebensraum und dessen Bewirtschaftung haben. Werden die Wiesen zu oft und vor allem zum falschen Zeitpunkt gemäht, wenn sich die jungen Raupen in den Blütenköpfchen des Großen Wiesenknopfs befinden, kann eine ganze Falterpopulation komplett vernichtet werden. Neben dem Vorkommen der Nahrungspflanze ist auch die Struktur der Vegetation entscheidend, die den Wirtsameisen einen geeigneten Lebensraum bieten muss. Die Ameisen benötigen gleichmäßig bodenfeuchte Wiesen, die allerdings nicht zu hoch- und dichtwüchsig sein dürfen. Hier wird klar, dass die richtige Pflege einer Wiese, auf der seltene Arten leben, enorm viel Fachwissen erfordert.

Mittlerweile genießen alle Ameisenbläulinge einen besonders strengen Schutz durch die Flora-Fauna-Habitat-Richtlinie der Europäischen Union sowie verschiedene nationale Verordnungen. Den dramatischen Rückgang dieser faszinierenden Schmetterlinge haben die Gesetze aber bisher nicht aufhalten können.

Schwarzblaues Bläuling
(Maculinea nausithous)
♂
♀
Falter
Ende Juni bis Mitte August
Paarung
Eiablage
Ei
Großer Wiesenknopf
Sanguisorba officinalis

J. Brandstetter '98

Edle Schönheiten: die Edelfalter

Nymphalidae

Insekten haben sechs Beine, das weiß jedes Kind. Doch Edelfalter krabbeln mit nur vier Beinen. Nur wer genau hinschaut erkennt, dass sich vor den beiden Beinpaaren noch ein weiteres Paar Extremitäten befindet. Dieses vorderste Paar dient aber nicht der Fortbewegung, sondern der Hygiene und ist zu zwei Putzpfoten umgebildet. Also haben die Edelfalter mit ihren weltweit etwa 600 Arten doch sechs Beine, wie es sich für Insekten gehört.

Einige unserer farbenprächtigsten Schmetterlinge gehört zu den Edelfaltern. Sie haben zu dem wohlklingenden deutschen Namen der Familie geführt. Auch der wissenschaftliche Name «Nymphalidae» ist als Hommage an die Nymphengestalten der griechischen Mythologie nicht weniger mit schönen und edlen Assoziationen verknüpft.

EDELFALTER LICHTER WÄLDER

Die meisten Schmetterlinge verbringen unseren langen, kalten und blütenlosen Winter als Ei, Raupe oder Puppe. Der **Trauermantel** *(Nymphalis antiopa)* gehört wie der Zitronenfalter zu den Arten, die als Falter überwintern. Nach dem Winter ist das im Herbst gelbe Band des Flügelrandes weiß geworden. Zur Überwinterung benötigen die Tiere geschützte Baumhöhlen, Totholz oder Holzstapel. Penibel aufgeräumte Höfe und Gärten und eine monotone Landschaft bieten dem wunderschönen Frühlingsboten keine Winterherberge mehr! Mit kalten Wintern hat er keine Probleme. In milden Wintern hingegen kann er verhungern, wenn er aus der Winterstarre erwacht und trotz warmer Temperaturen keine Nahrung findet. Auch wenn er als Wanderfalter in viele Regionen gelegentlich einfliegt, kommt er in stabilen Populationen nur noch in den Mittelgebirgen und Teilen Ostdeutschlands vor.

Großer Eisvogel

Der auf der gesamten Nordhalbkugel verbreitete Trauermantel saugt Baumsäfte und an Blüten, gärendem Obst, Pfützen und nasser Erde. Er mag es eher kühl und fliegt auf Waldlichtungen und an Waldsäumen entlang frischer Bachtäler und nordexponierter Hänge. Seine Raupen leben gesellig auf breitblättrigen Weiden und Birken und finden sich während der Fresspausen in mit Raupenseide umspannten Nestern zusammen.

Bei einem Eisvogel denken die meisten an das «Juwel der Lüfte», wie einer unserer farbenprächtigsten Vögel auch genannt wird. Zwei prächtige Schmetterlinge mit der gleichen Farbkombination und einem eleganten, segelnden Flug, der **Große Eisvogel** *(Limenitis populi)* und der **Kleine Eisvogel** *(L. camilla)*, tragen den gleichen deutschen Namen. Der Große Eisvogel, genau genommen das Weibchen, ist mit bis zu 44 Millimeter langen Vorderflügeln unser größter heimischer Tagfalter. Die Weibchen sind mit einer breiten, weißen Binde auf den schwarzen und blau-rostrost gerandeten Flügeln viel auffälliger als die dunkler und unscheinbarer gezeichneten Männchen. Auch das Ernährungsverhalten ist unterschiedlich. Während die Weibchen sich an den süßen Blattlausausscheidungen und Früchten gütlich tun, sind die Männchen an Tierkot zu finden. Beide saugen zudem an nasser Erde und versorgen sich dort mit Mineralstoffen.

Die Balz findet als Wipfelbalz hoch über den Baumkronen statt. In luftiger Höhe fühlen sich die Weibchen ohnehin am wohlsten. Sie sind im Gegensatz zu den Männchen nur sehr selten in Bodennähe zu beobachten und legen ihre kugelrunden, igelähnlich bestachelten Eier an Espen und gelegentlich auch an Schwarz-Pappeln ab. Im Gegensatz zu ihren Müttern wagen sich die Raupen in niedere Gefilde. Ihre Gefräßigkeit erzeugt charakteristische Spuren am Blatt, dessen Mittelrippe sie stehenlassen und mit einer sogenannten Kotrippe verlängern. Bereits im Sommer bauen sie sich ein Winterquartier, das Hibernaculum, indem sie das Blatt zu einer Tüte verspinnen und es sicher am Zweig befestigen. Fertig ist der Unterschlupf für die kalte Jahreszeit.

Der Große Eisvogel war in Mitteleuropa nie häufig. Doch in den letzten Jahrzehnten ist er immer seltener geworden. Die Gründe sind vielfältig. Der Einsatz von Insektiziden gegen Forstschädlinge vergiftet auch die Raupen und Falter des Großen Eisvogels. Die Asphaltierung von Forstwegen und damit Vernichtung temporär feuchter Senken nimmt den Faltern Wasserquellen, und schließlich sorgt der Klimawandel für milde, nasse Winter, die den Raupen schaden.

Der prächtige **Kleine Maivogel** *(Euphydryas maturna)*, auch Eschen-Scheckenfalter genannt, ist ein seltener Zeuge traditioneller Waldwirtschaft vergangener Zeiten. Er fliegt in Mischwäldern mit einem kleinräumigen Mosaik niedriger Bäume und kleiner Lichtungen und braucht zur Eiablage windgeschützte Eschen in luftfeuchter Lage. Heute gibt es

solche Wälder so gut wie nicht mehr. Mit der Aufgabe der Waldweide und dem Umbau von Wäldern in wirtschaftlich ergiebige dichte Hochwälder verlor der Maivogel in weiten Teilen Deutschlands seinen Lebensraum. Großflächige Insektizideinsätze, Grundwasserabsenkungen und eine Pilzkrankheit an Eschen, das Eschentriebsterben, setzen dem Maivogel zusätzlich zu. Die Art kommt nur noch ganz lokal in einigen Bundesländern vor und ist akut vom Aussterben bedroht.

EDELFALTER OFFENER STANDORTE

Silbrig wie Perlmutt schimmert das Muster auf den Flügelunterseiten des **Kleinen Perlmuttfalters** *(Issoria lathonia)*. Die weit verbreitete Art ist ein starker Flieger und wandert lange Strecken. Wie seine Nahrungspflanzen ist der Falter ein typischer Bewohner sandiger Feld- und Wegsäume und legt seine Eier auf dem Acker-Stiefmütterchen und dem Wilden Stiefmütterchen ab. Er nimmt aber auch mit ungespritzten Garten-Stiefmütterchen vorlieb, welche die rasch wachsenden Raupen durchaus schnell kahl fressen können. In warmen Jahren fliegt der Kleine Perlmuttfalter mit bis zu vier Generationen.

Das **Tagpfauenauge** *(Aglais io)* gaukelt dem Betrachter zwei große Augenpaare vor. Es will damit Fressfeinde abschrecken, frei nach dem Motto: große Augen, großes Tier. In Ruhestellung geht er aber lieber auf Nummer sicher, klappt seine Flügel zusammen und ist mit den unscheinbar dunkel gefärbten Flügelunterseiten gut getarnt.

Das Tagpfauenauge überdauert den Winter als Falter und erscheint früh im Jahr als Frühlingsbote. Seine Eier legt er ausschließlich an Brennnesseln ab. Die Raupen sind mit ihren Stacheln und dem brennenden Sekret, das sie bei Gefahr ausscheiden, für Vögel ungenießbar.

Das Tagpfauenauge ist nicht der einzige Nesselfalter, der seine Eier auf dieser häufigen Pflanze ablegt. Auf Brennnesseln leben Raupen verschiedener Schmetterlingsarten, und doch kommen sie sich kaum in die Quere: Die Raupen des **Kleinen Fuchses** *(Aglais urticae)*, des **Admirals** *(Vanessa atalanta)* und des Tagpfauenauges fressen auf der Blattoberseite, jene des **Landkärtchens** *(Araschnia levana)* und des **C-Falters** *(Polygonia c-album)* auf der Blattunterseite. Die Raupen des **Distelfalters** *(Vanessa cardui)*, der seine Eier nicht nur auf Brennnesseln, sondern vielen anderen Pflanzen ablegt, spinnen lockere Gespinste zunächst an der Blattspitze, später in den Winkeln zwischen Blattstiel und Stängel. Admiral- und **Nesselzünsler**- *(Patania ruralis)*-Raupen leben in zusammengerollten und versponnenen Blatttüten. Auch die Standortvorlieben der einzelnen Arten

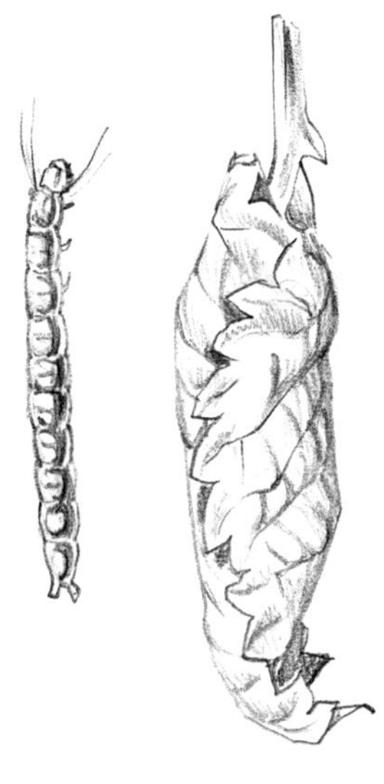

unterscheiden sich: Landkärtchen und C-Falter bevorzugen kühle, schattige Waldränder und Waldwege, das Tagpfauenauge sonnige, aber luftfeuchte Stellen und Kleiner Fuchs, Admiral und Nesselzünsler sonnige und trockene Wiesen und Säume. Auch einige Bärenfalter legen ihre Eier auf Brennnesseln ab, so der **Braune Bär** *(Arctia caja)* und der **Schönbär** *(Callimorpha dominula)* (s. Seite 170).

Wer im Garten oder auf seinem Landstück etwas für Schmetterlinge tun will, lässt also an verschiedenen Stellen Brennnesseln stehen! Und er wandelt den Rasen in eine Blumenwiese mit regionalen Arten um und pflanzt heimische Sträucher.

Eine besonders beliebte Nahrungspflanze für Schmetterlinge ist der Schmetterlingsflieder, eine Sommerfliederart, die mit ihren duftenden Blüten Tagpfauenaugen, aber auch viele andere Falter anzieht. Der Strauch, der in China und Tibet heimisch ist, findet sich in jedem Gartencenter. Allerdings tut man mit dem Kauf eines Schmetterlingsflieders der Natur nicht unbedingt etwas Gutes. Er breitet sich inzwischen in den wintermilden Regionen Europas stark aus und verdrängt heimische Arten. Egal ob entlang der Bahnsteige in Paris oder London, entlang der Bäche und Flüsse in den Tallagen der Schweiz oder Südtirols – der Schmetterlingsflieder ist in vielen Regionen Europas ein Problem geworden und wird als invasive, schädliche Art bekämpft.

WANDERFALTER – DIE LANGSTRECKENFLIEGER UNTER DEN SCHMETTERLINGEN

EINMAL MEXIKO UND ZURÜCK

Alljährlich feiern die Menschen in der Sierra Nevada Mexikos Anfang bis Mitte November die millionenfache Ankunft des «mariposa monarca», des **Monarchfalters** *(Danaus plexippus)*. In der Religion der Purépecha und Mazahuas, indigener Völker Mexikos, kehren mit den Monarchfaltern die Seelen der Ahnen als Gesandte der Götter zurück, um die Lebenden zu besuchen. Heute fällt die Ankunft der Monarchfalter in den Bundesstaaten Mexiko und Michoacán mit dem Termin des Dia de los Muertos zusammen. Das ursprünglich im Sommer stattfindende traditionelle Totenfest Mexikos, das von der katholischen Kirche auf Allerheiligen und Allerseelen gelegt wurde, gehört zu den wichtigsten Feiertagen des Landes.

Unter den Schmetterlingen, die große Entfernungen zwischen Sommer- und Winterquartier zurücklegen können, ist der Monarchfalter Rekordhalter. Der orange Schmetterling

Brennessel · Urtica dioica

mit schwarzer Zeichnung und weißen Punkten ist in vielen subtropischen und tropischen Regionen der Welt verbreitet und kommt zum Beispiel auch in Australien, Neuseeland und auf den Kanaren vor. Aber so richtig wanderlustig sind nur die Nordamerikaner aus den östlichen Gebieten der USA und Kanadas. Sie machen sich im Spätsommer auf den Weg, um acht bis zehn Wochen später und 2000 bis 3500 Kilometer weiter aus einem Tausende Quadratkilometer großen Areal punktgenau in einem kleinen Gebiet in der Sierra Nevada Mexikos zu landen. Diese erstaunliche Leistung wird durch ein ausgeklügeltes Orientierungsvermögen ermöglicht, das erst in jüngster Zeit erforscht wurde. Der Monarch besitzt in seinen Fühlern Rezeptoren, die auch durch Wolken UV-Licht und polarisiertes Licht wahrnehmen. Eine innere Uhr sorgt dafür, dass der Falter den Stand der Sonne jederzeit korrekt interpretiert. Da das nur tagsüber funktioniert, sammeln sich die Falter zur Dämmerung und ruhen in der Nacht, bevor sie am nächsten Morgen weiterfliegen. Zusätzlich können Monarchen das Magnetfeld der Erde wahrnehmen und ihren Flug entsprechend ausrichten. Rund 75 Kilometer schaffen sie an einem Tag.

Während ihrer Reise sind die Falter auf ausreichend Wegzehrung, also ein reiches Blütenangebot, angewiesen. Sie müssen sich nicht nur mit der nötigen Energie für den Langstreckenflug versorgen, sondern sich gleichzeitig Fettreserven für ihre Überwinterung anfressen, was angesichts der blütenarmen Agrarlandschaften immer schwieriger wird. Kaum sind sie in einem ihrer 30 kleinen Überwinterungsgebiete angekommen, beginnt eine fünfmonatige Fastenzeit. Die Falter suchen vorzugsweise die Oyamel-Tanne auf und hängen sich zu Abertausenden an diese Bäume. Die riesigen Gemeinschaften bieten den empfindlichen Tieren den Winter über ein wenig Schutz. Starke Frosteinbrüche und nasse Witterungsperioden können trotzdem in wenigen Tagen oder sogar Stunden große Teile einer Überwinterungspopulation töten. Noch problematischer als Wetterkapriolen ist aber die Zunahme illegaler Rodungen, denn dadurch werden die klimatischen Bedingungen des Gebietes nachhaltig verändert und die Tiere raueren Bedingungen ausgesetzt. Das mag ein Grund dafür sein, dass um die Jahrtausendwende die Zahlen der überwinternden Tiere massiv eingebrochen sind. Im Herbst 2018 wurden allerdings wieder große Faltermengen auf der Wanderung Richtung Süden beobachtet, und es bleibt abzuwarten, wie sich der Trend langfristig entwickelt. Periodische Schwankungen der Populationsgröße werden bei vielen Schmetterlingsarten beobachtet.

Im Frühjahr machen sich die Falter wieder auf den Weg gen Norden. Doch die Überwinterer fliegen nicht wieder zurück in ihr Herkunftsgebiet. Das werden erst ihre Ur- und Ururenkel schaffen: Für die Strecke nordwärts benötigt der Monarch jetzt zwei bis drei Generationen. Die ersten Eier legen die Weibchen auf ihrer Frühjahrswanderung bereits in Mexiko und im Süden der USA. Die Falter dieser ersten Generation wandern weiter Richtung Norden, die zweite Generation fliegt anschließend im Hochsommer in die

MONARCHFALTER
Danaus plexippus ♂
RAUPE
EI
PUPPE
SEIDENBLUME · FUTTERPFLANZE DER RAUPE

Nordstaaten der USA und bis nach Kanada. Dort schlüpfen im August und September die dritte und – unter sonnigen und warmen Bedingungen – auch eine vierte Generation, die sich im Laufe des Spätsommers über das gesamte Verbreitungsgebiet der Art verteilen. Sobald die Tage im Herbst kürzer werden, sammeln sich die Falter und machen sich auf den Weg, den das Jahr davor ihre Vorfahren geflogen sind.

Die Raupen der Monarchfalter fressen ausschließlich an giftigen Seidenpflanzengewächsen. Die Herzglykoside dieser Pflanzen werden von den Raupen aufgenommen, verbleiben in der Puppe und im Falter und machen die Tiere für viele Feinde ungenießbar. Die männlichen Falter setzen noch ein Gift darauf. Sie nehmen mit der Nahrung Pyrrolizidinalkaloide, eine Stoffgruppe mit zahlreichen bitteren und lebertoxischen Verbindungen, auf. Das Gift dient zum Selbstschutz. Die Männchen bauen es zusätzlich zu einem Pheromon um, das bei der Balz zum Einsatz kommt und die Weibchen für die Paarung stimulieren soll.

Damit der Monarchfalter auch in Zukunft nord- wie südwärts wandern kann, müssen nicht nur für die Falter, sondern auch für die Raupen genügend Nahrungspflanzen vorhanden sein. Die wild wachsenden Seidenpflanzen gehen allerdings in den riesigen Flächen mit herbizidgespritzten Mais- und Getreide-Monokulturen immer mehr zurück. Naturschutzorganisationen haben deshalb begonnen, Tütchen mit Samen der Nahrungspflanzen zu verteilen. In öffentlichen Parks, Schul- und Privatgärten wachsen jetzt zunehmend Seidenpflanzengewächse. So ist zu hoffen, dass der Monarch auch in Zukunft auf seine spektakuläre Wanderung gehen kann.

DAS WANDERN IST DES ADMIRALS LUST

Auch in Mitteleuropa gibt es Wanderfalter, die jährlich von ihren Überwinterungsgebieten aus in andere Regionen ziehen und manchmal auch wieder zurück. Oder beides, so genau weiß man das nicht, denn Falterwanderungen sind schwierig zu beobachten. Und so gibt es noch immer viele Rätsel um die Wanderungen von Schmetterlingen.

Ein Wanderfalter, der den Wissenschaftlern besonders viele Rätsel aufgibt, ist der Admiral, eine recht große Tagfalterart mit dunklen Flügeln und charakteristischer roter und weißer Zeichnung. Lange Zeit, ungefähr bis in die 1980er-Jahre, flog er regelmäßig in unterschiedlicher Anzahl aus dem Mittelmeergebiet über die Alpen nach Mitteleuropa ein und wanderte im Herbst wieder südwärts. Doch dann verschoben sich die Überwinterungsgebiete Richtung Norden und gleichzeitig wanderten zunehmend Falter aus großen und stabilen Populationen Westeuropas nach Norddeutschland ein. Inzwischen verläuft die Nordgrenze des Überwinterungsareals durch Dänemark und England. Die Gründe für diese deutliche Arealverschiebung sind nicht im Detail geklärt und liegen mit Sicherheit nicht allein in der Klimaerwärmung. Eine weitere Ursache dürfte in der enormen Anpassungsfähigkeit des Admirals zu suchen sein. Es existieren in Europa verschiedene Populationen, die sich anhand der Färbung der Raupen gut unterscheiden lassen und die an die unterschiedlichen Winterklimate ihrer Region gut angepasst sind. Die Wanderlust des Admirals sorgt dafür, dass sich die Populationen mischen. Vielleicht hat das dazu beigetragen, dass der Admiral gerade in schnellem Tempo seine Kältetoleranz verbessert. Sowohl Falter als auch Puppen und Raupen überstehen heute deutlich mehr Dauerfrosttage als noch im letzten Jahrhundert. Voraussetzung für das winterliche Überleben der Raupen ist allerdings die ständige Verfügbarkeit von frischen Brennnesselblättern, ihrer einzigen Nahrung.

Der Admiral ist ein Falter, der von der Überdüngung unserer Landschaft profitiert. Die Große Brennnessel wächst nur an stickstoffreichen Standorten und ist eine häufige, weit verbreitete Art. Admiral-Raupen wachsen schnell. Weil in Mitteleuropa drei bis vier Generationen schlüpfen und das ganze Jahr über Falter zufliegen, ist der Admiral bei uns das ganze Jahr über anzutreffen.

FLIEGER IN DER ZWISCHENSAISON

Wer den größten europäischen Tagfalter beobachten möchte, muss in die Küstenregionen des Mittelmeeres fahren. Dort, wo lichte Wälder noch an die Küste reichen oder sich die dichte, undurchdringliche mediterrane Buschvegetation, die Macchie, ausdehnt, lohnt es sich, Ausschau zu halten. Denn hier ist der **Erdbeerbaumfalter** *(Charaxes jasius)* mit einer Flügelspannweite von gut neun Zentimetern zu Hause.

Er ist ein schneller und wendiger Flieger. Um den Überblick über ihr Revier zu haben und vorbeifliegende Weibchen gleich zu bemerken, sitzen die Männchen auf einem exponierten Ast und beobachten die Umgebung. Konkurrenten oder andere Eindringlinge, die sich ihm nähern, vertreiben sie umgehend. Auch mancher Schmetterlingsbeobachter hatte schon das Glück, den «Angriff» eines Erdbeerbaumfalters hautnah zu erleben. Zur Aufnahme von Nahrung und Mineralstoffen saugen die Tiere gerne an überreifem Obst, Exkrementen und Wasserpfützen. Angeblich hatten von gärenden Früchten alkoholisierte Falter schon arge Schwierigkeiten, nach ihrer Mahlzeit zielgerichtet zu fliegen!

Die Raupen des Erdbeerbaumfalters fressen im Mittelmeergebiet vor allem Blätter der hier heimischen Erdbeerbaumarten, dem Westlichen und Östlichen Erdbeerbaum, und verlassen ihren Baum auch zur Verpuppung nicht. Erdbeerbäume sind kleine, bis zu zehn Meter hohe und immergrüne Sträucher oder Bäume, deren erdbeerähnliche, kugelrunde und orange bis rote Früchte der Gattung ihren deutschen Namen gegeben haben. Die Früchte sind essbar, allerdings erinnert ihr süß-säuerlicher, etwas fader Geschmack nicht im Entferntesten an Erdbeeren.

Der prächtige Erdbeerbaumfalter meidet die Hitze des Hochsommers und fliegt in zwei Generationen. Die erste ist im Spätfrühling unterwegs, die zweite fliegt ab dem Spätsommer bis in den Oktober hinein: Die Art hat dann Hochsaison, wenn im mediterranen Touristikbetrieb Nebensaison herrscht. Glück für den Schmetterlingskundler, der die Art in Ruhe beobachten und fotografieren möchte.

Noch ist der Erdbeerbaumfalter, dessen Verbreitungsgebiet fast ganz Afrika umfasst und nördlich im Mittelmeergebiet endet, in Europa stellenweise häufig. Aufgrund der zunehmenden Verbauung der Küstenregionen für Hotelanlagen und Ferienhäuser gehen seine Bestände aber zurück.

J. Brandstetter 07

GROSSE AUGEN: DIE AUGENFALTER (SATYRINAE)

Unsere Wiesen werden von Gräsern dominiert. Allerdings nehmen nur die Raupen zweier Tagfalterfamilien mit dieser eiweißarmen Kost vorlieb, die Augenfalter und die Dickkopffalter. Sie sind in der Lage, die wenig gehaltvolle Kost ein Stück weit mit ihrem Lebenszyklus auszugleichen, der eng an das Wachstum ihrer Nahrungspflanzen gekoppelt ist: Die Raupen haben dann den größten Appetit, wenn der Nährstoffgehalt der Gräser am höchsten ist, also kurz vor der Blüte. Wenn zur Blütezeit die Grasblätter langsam verwelken, ist es Zeit für die Raupe, sich zu verpuppen. An welcher Grasart sie fressen, spielt eine untergeordnete Rolle. Die Raupen der Grasfalter, wie die Augenfalter auch genannt werden, sind nicht wählerisch. Hauptsache, sie haben frisches Grün zum Knabbern.

Viele der meist dunkelbraunen Augenfalter sind schwierig zu unterscheiden. Die größte Augenfalter-Art, der **Weiße Waldportier** *(Brintesia circe)* , ist aber unverwechselbar. Er ist ein schwarzer Falter mit einer charakteristischen weißen Binde auf den Flügeln, deren Spannweite bis knapp acht Zentimeter erreicht. Den schnellen, unruhigen Flieger kann man im Hochsommer mit etwas Glück bei der Balz auf einer Lichtung eines lichten Kiefernwaldes über einzeln stehenden Büschen beobachten. Nach der Paarung sucht das Weibchen für die Eiablage hochgrasige, trockene Waldsäume oder Kahlschläge auf, wo es die Eier meist in das Gras fallen lässt. Die Raupen schlüpfen im Spätsommer oder frühen Herbst. So umgehen die Raupen der wärmeliebenden Art die trockenen, heißen Sommermonate. Den jungen Raupen steht das erste, frische Grün des Herbstes zur Verfügung, das gedeihen kann, sobald die Gräser durch Tau oder ausreichende Niederschläge mit genügend Wasser versorgt sind. Bei milden Temperaturen sind die Raupen, die das für Augenfalter typische gegabelte Hinterende haben, auch im Winter aktiv. Die letzten Larvenstadien fallen ins Frühjahr, wenn der Nährstoffgehalt in den Gräsern steigt und die vor der Verpuppung besonders hungrigen Raupen ausreichend Nahrung benötigen.

Die anspruchsvolle Art ist zunehmend gefährdet. Sie benötigt große Flächen mit unterschiedlichen, strukturreichen Kleinhabitaten von Magerrasen und trockenen, sonnenexponierten Waldsäumen, die in sommertrockene, lichte Wälder eingebunden sind. Solche vielfältigen Habitatkomplexe verschwinden mehr und mehr aus unserer Landschaft und mit ihnen auch viele Tierarten.

Unverwechselbar ist auch eine weitere Augenfalter-Art mit auf der Ober- und der Unterseite der Flügel kräftig blauen Augen. Es ist das **Blaukernauge** *(Minois dryas)*, das auch **Blauauge**, **Blauäugiger Waldportier** oder **Riedteufel** genannt wird. Letzterer Name weist auf die Habitate der Art hin: Der Riedteufel fliegt auf Pfeifengras-Streuwiesen und auf Moorwiesen. In einigen Regionen ist er auch auf Magerrasen zu finden, Hauptsache, das Gras steht zum Schutz der Larven hoch genug und die Falter finden ein ausreichendes Nektarangebot mit vorzugsweise violetten Blüten. Besonders beliebt sind die Blütenstände des Wasserdostes, an denen sich manchmal Dutzende Falter versammeln. Die Weibchen des Blaukernauges, das vom Hochsommer bis in den Herbst hinein fliegt, streuen die Eier wie fast alle Augenfalter in die Vegetation. Die winzigen, jungen Raupen überwintern in der Bodenstreu. Sie sind zunächst tagaktiv. Ältere Raupen fressen nur noch nachts und verpuppen sich schließlich im Gras in einem dünnen Gespinst.

Das Blaukernauge ist in Mitteleuropa gefährdet und in einigen Regionen bereits ausgestorben.

Noch weitaus seltener ist das **Moor**- oder **Stromtal-Wiesenvögelchen** *(Coenonympha oedippus)*, das zu den am stärksten gefährdeten Tagfalterarten Europas gehört und in Mitteleuropa fast ausgestorben ist. Sowohl in der Schweiz als auch in der Europäischen Union ist die Art streng geschützt. Das Areal des Falters reicht bis nach Ostasien, wo die Art mit einer anderen Unterart vertreten ist.

Das Moor-Wiesenvögelchen lebt in feuchten, nährstoffarmen und lückigen Pfeifengraswiesen am Saum lichter Auwälder oder Laubmischwälder. Die Eier werden vom Weibchen direkt an die Blätter von Gräsern oder Seggen gelegt. Die Raupen des Moor-Wiesenvögelchens sind wie die der meisten Augenfalter grün gefärbt und auf einem Grashalm praktisch nicht zu sehen. Im Herbst färbt sich die Raupe hellbraun und passt sich damit der Farbe der Gräser im Winter an.

Dort, wo neben Feldern und Waldwegen sich noch breite, blühende Waldsäume befinden, fliegt das **Rostbraune Ochsenauge** *(Pyronia tithonus)*. Es ist im Hochsommer unterwegs und saugt vor allem an violetten, aber auch an gelben Blüten. In Mitteleuropa hat die südeuropäische Art wenige lokale, isolierte Vorkommen, die bis in die Lausitz reichen und hier die Nordostgrenze des Areals bilden. Das Rostbraune Ochsenauge ist eine typische Saumart, der mit einem schnellen Aufforsten von Kahlschlägen, der Verbreiterung von Forstwegen und der Bewirtschaftung von Feldern bis direkt an den Waldrand die Lebensgrundlagen genommen werden.

Ein Verwandter des von Europa bis nach Mittelasien weit verbreiteten Schachbretts ist das **Braunadern-Schachbrett** *(Melanargia occitanica)*, das trockene, steinige Gras- und Thymianfluren Südwesteuropas und Nordwestafrikas besiedelt. Seine Larven schlüpfen im Hochsommer, ausgerechnet zu einer Zeit, in der der heiße und trockene Lebensraum den jungen Larven keinerlei Nahrung bietet. Deshalb fallen die Raupen direkt nach dem Schlupf erst einmal in einen langen Sommerschlaf, die Sommerdiapause. Wenn nach den ersten Herbstniederschlägen die Vegetation wieder erwacht, beginnen die Raupen zu fressen.

Augenfalter klappen nach der Landung meistens schnell die Flügel zusammen. Der **Marmorierte** oder **Alpen-Mohrenfalter** *(Erebia montana)* tut gut daran, denn mit seinen weißgrau marmorierten Flügelunterseiten sieht der ruhende Falter aus wie ein Stück Fels und ist in seinem Lebensraum hoch in den Bergen nicht zu sehen. Sobald er seine dunklen Flügel wieder aufklappt, werden sie durch die Sonne schnell aufgewärmt, und der Falter ist umgehend startklar zum Fliegen. Er ist auf sonnigen, lichten und felsigen Grasmatten und über lichten Latschenhängen unterwegs, wo das Weibchen die Eier an verschiedene Schwingelarten heftet. Die Männchen saugen häufig zusammen mit verschiedenen Bläulingen an feuchter Erde, um Wasser und Mineralstoffe aufzunehmen. Der Marmorierte Mohrenfalter ist eine rein europäische Art und auf die Alpen, die Tatra und einige Gebirge Italiens beschränkt.

Die «Augen» auf den Vorderflügeln der Augenfalter dienen übrigens dazu, einen Feind zu täuschen: Ein hungriger Vogel mag denken, hinter den Flügeln mit den beiden Augen steckt ein weitaus größeres Tier, und wird vom Versuch, den Augenfalter zu fressen, lieber Abstand nehmen.

SEEROSENZÜNSLER
ELOPHILA NYMPHAEATA
DUFTENDE SEEROSE
NYMPHAEA ODORATA

Raupen unter Wasser: der Seerosenzünsler

Rüsselzünsler, Crambidae

Viele der in diesem Buch vorgestellten Schmetterlinge waren einst häufige Arten. Mittlerweile ist rund die Hälfte der einheimischen Schmetterlingsarten selten geworden, in unterschiedlichem Maße gefährdet oder gar ausgestorben. Aber es gibt natürlich auch zahlreiche häufige oder sehr häufige Falterarten. Manche von ihnen können in derart großen Massen auftreten, dass sie wie der **Maiszünsler** *(Ostrinia nubilalis)* zu Schädlingen werden. Einige Falter sind auch als Schädlinge in Privatgärten und -haushalten bekannt und jeder wird versuchen, diese Tiere zumindest in Schach zu halten. Denn sobald der Lieblingspulli von Kleidermotten bedroht wird, sich Mehlmotten am Müsli gütlich tun oder der Buchsbaumzünsler die lang gehegte und gepflegte Buchsbaumhecke kahl frisst, ist es mit der Schmetterlingsliebe vorbei.

Maiszünsler, Mehlmotten und Buchsbaumzünsler gehören in die Überfamilie der Zünsler, der Pyraloidea, die in zwei Familien, die Echten Zünsler (Pyralidae) und die Rüsselzünsler (Crambidae) aufgeteilt ist. Zu Letzterer gehört auch eine weniger bekannte Art, der **Laichkraut**- oder **Seerosenzünsler** *(Elophila nymphaeata)*. Er fliegt bis in die Gärten der Städte und Dörfer und macht sich über die Blätter von Schwimmpflanzen her. Der Gartenteichbesitzer wird den hübschen tag- und nachtaktiven Falter selbst nicht so schnell sehen, wohl aber die runden Einkerbungen am Rand von Laichkraut- und Seerosenblättern. Die stammen nämlich von seinen Raupen, die perfekt an den für Schmetterlingsraupen ungewöhnlichen Lebensraum angepasst sind.

Der Seerosenzünsler ist einer von weltweit knapp 12 000 Rüsselzünslern. In Mitteleuropa fliegen rund 230 Arten dieser Familie. Nur wenige leben wie der Seerosenzünsler als Raupen in stehenden und langsam fließenden Gewässern. Die Weibchen legen am Tag nach der Paarung ihre Eier auf die Unterseite der Blätter verschiedener Wasserpflanzenarten, zum Beispiel an Laichkräuter, Seerosen oder Teichmummel.

Die frisch geschlüpften Raupen, die Eiraupen, beginnen sogleich zu fressen oder bohren sich zunächst in die Blätter und leben als Minierer. Sie fressen dabei das innen liegende Gewebe der Blätter, ohne die Epidermis, also die Zellen der Unter- und Oberseite des Blattes, zu beschädigen. Bald sind die Raupen zu groß und verlassen das Blattinnere. Um weiterhin gut geschützt fressen zu können, bauen sie sich einen Köcher. Dazu schneiden sie zwei halbkreisförmige Blattstücke vom Rand der Schwimmblätter ab und verspinnen die beiden Blattstückchen zu einer flachen Röhre, die sie an die Unterseiten der Schwimmblätter anheften.

Junge Raupen nehmen den Sauerstoff über die Haut aus dem Wasser im Köcher auf. Nach zwei Häutungen wird die Raupenhaut durch Wachse wasserabweisend. Die Sauerstoffversorgung erfolgt dann wie bei allen anderen Raupen mit Luftsauerstoff. Deshalb füllt die Raupe den Köcher an der Wasseroberfläche mit Luft. Für die Verpuppung spinnt sie sich einen Kokon wenige Zentimeter unter der Wasseroberfläche, der ebenfalls mit Luft gefüllt ist.

Der Köcher bietet der Raupe einen gewissen, aber nicht hundertprozentigen Schutz vor Fressfeinden. Gartenfreunden mit Seerosenzünslern im Gartenteich wird empfohlen, einheimische Fische zu halten. Die sorgen dafür, dass es mit seitlich eingekerbten Seerosenblättern schnell ein Ende hat. Wer aber den Raupen ein paar Seerosenblätter überlässt, der hat vielleicht das Glück, die ersten Augenblicke im Leben eines Falters beobachten zu können: Der Seerosenzünsler schlüpft unter Wasser aus dem Kokon und wird an die Wasseroberfläche getrieben. Dort läuft er mit seinen langen, schneeweißen Beinen dank der Oberflächenspannung auf dem Wasser umher und sucht als Erstes ein Blatt auf, auf dem er seine Flügel aushärten lassen kann. Dort lässt sich der frische Falter mit seiner hell- und dunkelbraunen Zeichnung auf weißem Grund und seinen langen, eleganten weißen Beinen in Ruhe betrachten – frisch geschlüpft kann er noch nicht wegfliegen.

Maiszünsler Ostrinia nubilalis

Tropisch anmutende Schönheiten: die Pfauenspinner

Saturniidae

Aprilabende in den Gebirgen Zentralspaniens sind kalt. Kalt und klamm. Nach den Winterniederschlägen hat die Frühlingssonne die durchnässten Böden noch nicht trocknen und aufwärmen können. Die feuchte Luft kondensiert und bildet feine Tröpfchen an den Spitzen der Kiefernadeln. Bei solch klammem Wetter mag keiner vor die Türe gehen oder gar aus dem Zelt krabbeln! Aber wer es trotzdem wagt, wird vielleicht mit einem wunderbaren und unvergesslichen Erlebnis belohnt: Angezogen vom Licht, flattert einer der schönsten und größten Schmetterlinge Europas um eine nahe gelegene Laterne. Es scheint schier unwirklich, diesen prächtigen und tropisch anmutenden Nachtfalter mit seinen hell smaragdgrün bis türkis schimmernden Flügeln in der kalten Frühlingsnacht eines spanischen Berg-Kiefernwaldes beobachten zu dürfen.

Bei dem Schmetterling handelt es sich um den wunderschönen **Isabellaspinner** *(Actias isabellae)*, einen sehr großen Vertreter der Familie der Pfauenspinner (Saturniidae) mit einer Flügelspannweite bis über zehn Zentimeter. Die Weibchen sind etwas größer als die Männchen, die sich durch längere Fortsätze an den Hinterflügeln auszeichnen. Beide Geschlechter sind identisch gefärbt. Die braunrot beschuppten Adern kontrastieren stark zu der Grundfarbe der leicht durchscheinenden Flügel und sorgen dafür, dass der tagsüber ruhende Falter in den Kiefernzweigen perfekt getarnt ist. An den unteren Flügelrändern ziert ein Saum aus hellgelben und schwarzen Streifen die Flügel, die je eine farbige Ozelle tragen. Aufgrund dieser «Augen» werden die Saturniidae auch Nachtpfauenaugen genannt.

Der Isabellaspinner wird erst am Abend aktiv und fliegt bis in die Nacht hinein. Sein Saugrüssel ist wie bei allen Pfauenspinnern derart stark zurückgebildet, dass der Falter keinerlei Nahrung aufnehmen kann und nur eine kurze Lebensdauer hat. Seine Eier legt das Weibchen an die Rinde von verschiedenen Kieferarten. Die jungen, regelmäßig schwarzbraun gemusterten Raupen mit kleinen, gleichmäßigen Warzen sind von kleinen Kiefernästen praktisch nicht zu unterscheiden. Auch später, wenn die Raupe leuchtend grün wird und sich zur Ruhe an einen Ast hängt, wird sie mit ihrer weiß-braunen Musterung zwischen den Kiefernnadeln perfekt optisch aufgelöst. Die Puppe überwintert, eingewebt in einem Gespinst, an einem Ast zwischen den Kiefernnadeln, gelegentlich auch zweimal.

Weil der seltene Falter verinselt und meistens nur in kleinen Populationen in wenigen Gebirgszügen Spaniens und Frankreichs vorkommt, wurde er erst vor 170 Jahren für die Wissenschaft neu beschrieben. Der Naturforscher Mariano à Paze Graells entdeckte ihn 1849 in der Sierra de Gredos, einem Gebirgszug westlich von Madrid, und ehrte mit der Namensgebung *Saturnia isabellae* die damals 19 Jahre junge spanische Königin Isabella II.

Wie bereits eingangs geschildert, sorgen neue Erkenntnisse über die Verwandtschaftsverhältnisse von Arten immer wieder dafür, dass wissenschaftliche Namen geändert werden. So wurde der Isabellaspinner später aus der Gattung der Nachtpfauenaugen *Saturnia* herausgenommen und in eine eigene Gattung *Graellsia*, benannt nach dem Entdecker der Art, gestellt. Heute gehört er in die Gattung *Actias*.

Wer den Isabellaspinner in seinem ursprünglichen Lebensraum beobachten möchte, muss nach Zentralspanien oder in die Pyrenäen fahren. Dort fliegt die Art in einer Höhe zwischen 900 und 1800 Metern in sonnigen, aber nicht zu heißen Lagen und gerne in der Nähe von Seen oder Flüssen. In den 1980er-Jahren tauchte der Falter dann plötzlich im

Oberwallis in der Schweiz auf. Inzwischen sind auch Vorkommen aus dem französischen Jura bekannt. Diese Vorkommen gehen mit Sicherheit auf Ansiedlungen zurück, also das bewusste Freilassen von Faltern oder Raupen an einem Ort, wo die Art ursprünglich nicht vorkam. In den französischen Alpen breitet sich die Art allmählich aus, und auch im Wallis hat sich inzwischen eine stabile Population etabliert. Bei aller verständlichen Begeisterung für diesen wunderschönen Schmetterling sind solche Freisetzungen aus ökologischer und naturschutzfachlicher Sicht grundsätzlich sehr kritisch zu sehen und aus guten Grund in den meisten Staaten verboten. Die Folgen für das Ökosystem, in das eine Pflanzen- oder Tierart neu eingeführt wird, sind auch für Biologen nicht vorherzusehen. In den meisten Fällen bleiben Ansiedlungen ohne gravierende Folgen. Allerdings gibt es auch eine lange Liste von Arten, die der Mensch absichtlich oder unabsichtlich in neue Regionen eingeführt hat und die in der Folge zu Schädlingen wurden, die heimische Flora und Fauna erheblich schädigen und verdrängen oder großen wirtschaftlichen Schaden anrichten. Daher sollte jeder Naturfreund von Auswilderungen fremder Arten – egal wie schön die Pflanze oder das Tier auch sein mag – grundsätzlich absehen.

Der Isabellaspinner ist eine von der Europäischen Union streng geschützte Art. Es ist verboten, die Tiere zu sammeln – sowohl Eier, Raupen, Puppen als auch Falter.

PARTNERSUCHE DER NASE NACH

Schaut man sich die Fühler von Männchen und Weibchen der meist nachtaktiven Pfauenspinner an, sieht man sofort einen Unterschied: Die Fühler der Weibchen sind in der Regel mehr oder weniger glatt oder kurz gezähnt, die Fühler der Männchen hingegen kammartig gefiedert. Die Fühler der Männchen tragen Sinneszellen, mit denen sie die Sexuallockstoffe der Weibchen, die Pheromone, wahrnehmen können. Je größer die Oberfläche der Fühler, desto mehr Sinneszellen finden Platz. Ist der Fühler, wie bei den Männchen der Nachtpfauenaugen, beidseitig gekämmt, hat er eine besonders große Oberfläche und kann entsprechend viele Sinneszellen tragen.

Das Ergebnis ist erstaunlich. Das Männchen des **Kleinen Nachtpfauenauges** *(Saturnia pavonia)* ist in der Lage, den Duft eines Weibchens aus über einem Kilometer Entfernung und damit in enorm verdünnter Konzentration wahrzunehmen! Dann fliegt das Männchen zügig und zielstrebig dicht über dem Boden, bis es das Weibchen gefunden hat, das meistens noch in der Nähe des Kokons sitzt. Obwohl das Männchen ausschließlich tagaktiv ist, ist es mit seinem unruhigen und hektischen Flug nur schlecht zu sehen.

Im Gegensatz zum Männchen fliegt das Weibchen erst nach Sonnenuntergang umher und ist an Lichtquellen immer wieder zu beobachten. In der Nacht nach der Begattung legt das Weibchen alle oder fast alle Eier in einem Gelege spiralförmig um einen Zweig oder einen trockenen Grashalm herum ab. Die Raupen sind anfangs sehr gesellig und fressen an verschiedenen Baum- und Straucharten und zahlreichen Stauden. Die Art überwintert als Puppe und schlüpft im nächsten Frühjahr.

Das Kleine Nachtpfauenauge ist eine weit verbreitete Art Zentral- und Nordeuropas, deren Areal bis nach Ostasien reicht. Es ist eigentlich anspruchslos und häufig. Doch in unserer ausgeräumten Landschaft findet selbst es immer weniger geeignete Lebensräume und geht insbesondere in Regionen mit vorherrschend industrieller Landwirtschaft zunehmend zurück.

Die auffällige weiße Zeichnung in dunkelblauen Augenflecken hat dem **Nagelfleck** *(Aglia tau)* seinen Namen gegeben: Die Zeichnung ähnelt dem griechischen τ (tau) oder einem Nagel. Die Musterung ist bei beiden Geschlechtern gleich, allerdings hat das Weibchen eine graubraune, das Männchen eine orangebraune Grundfärbung. Unterschiedlich sind auch die Aktivitätsmuster: Wie beim Kleinen Nachtpfauenauge ist das Männchen tagaktiv und fliegt auf der Suche nach einem Weibchen von den frühen Morgenstunden bis zum späten Mittag umher. Sein Flug ist nicht ganz so hektisch, deshalb besteht die Chance, die Art im Frühjahr in lichten Laubwäldern zu beobachten. Die Weibchen sitzen nah am Boden an den Bäumen und locken die Männchen mit ihren Pheromonen an.

Die gerade aus dem Ei geschlüpften Raupen, die vor allem an Buchenlaub fressen, zählen zu den skurrilsten der heimischen Fauna: Sie tragen auf ihrem beborsteten hellgrünen Körper insgesamt fünf gegabelte dunkelrote und mittig weiße Dornen. Die erwachsene Raupe sieht gänzlich anders aus. Mit ihrer scharf durch eine helle Mittelinie getrennten hellgrünen Ober- und dunkelgrünen Unterseite ist sie im Laub kaum zu sehen.

Die von Europa bis Japan weit verbreitete Art ist stellenweise häufig und nicht gefährdet.

Luxuslieferanten: die Seidenspinner

Bombycidae

Wann genau die Menschen begonnen haben, einen Vertreter der kleinen Familie der Seidenspinner (Bombycidae) als Nutztier zu halten und zu züchten, wissen wir nicht. Es ist aber sehr lange her. Forscher haben jüngst Spuren von Seide in 8500 Jahre alten Gräbern entdeckt. Unbekannt ist auch, auf welche Wildart der **Maulbeerspinner** *(Bombyx mori)*, der heutzutage fast ausschließlicher Lieferant der Rohseide ist, zurückgeht.

Im Laufe der Zeit wurde eine Vielzahl von Rassen gezüchtet, die alle nicht mehr in der Lage sind, in der Natur frei zu überleben. Bei vielen Rassen sind sogar die Flügel zurückgebildet. Die Imagines nehmen während ihres kurzen Lebens auch keine Nahrung auf. Ihre einzige Aufgabe ist die Fortpflanzung.

Nach der Begattung beginnt das Seidenspinner-Weibchen sofort mit der Eiablage. Die Raupen fressen ausschließlich und mit enormem Appetit Blätter von Maulbeerbäumen und wachsen schnell heran. Sie imitieren, wie viele andere weißlich hellgraue Raupen, zur Tarnung Vogelkot. Bei Gefahr ziehen sie den Kopf ein und präsentieren dem Fressfeind zur Abschreckung ihr zweites Segment, das zwei Augenflecke trägt. Nach wenigen Wochen haben die Seidenspinner-Raupen das 10 000-fache Gewicht erreicht und beginnen, sich in einen Kokon aus einem bis zu dreieinhalb Kilometer langen Faden zu verpuppen. Für die Seidenproduktion wird von diesen dreieinhalb Kilometern Seidenfaden ein knapper Kilometer aufgehaspelt. Meistens werden vorher die Puppen mit heißem Wasser oder Wasserdampf abgetötet, damit sie beim Schlupf nicht die Seide an der Spitze des Kokons aufweichen.

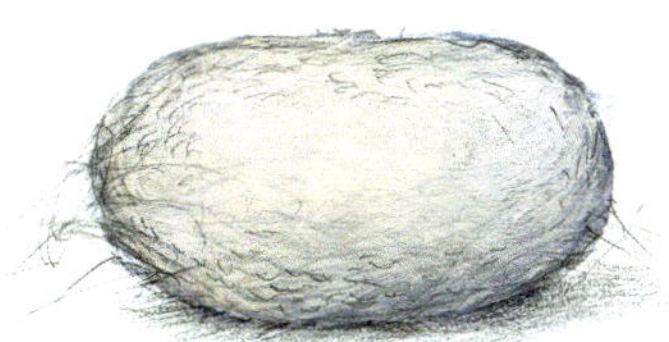

In der traditionellen Seidenspinner-Raupenzucht werden nicht nur die Seide, sondern auch die Raupen selbst genutzt. Sie dienen auch als wertvolle Eiweißquelle. So sichert der Maulbeerspinner nicht nur ein Einkommen mit seiner Seide, sondern hat auch Anteil an der Ernährung der Menschen.

Johann Brandstetter 2001

Kleine Falter, große Vielfalt: die Wiesenspinner, Birkenspinner, Glucken, Zahnspinner und Trägspinner

Brahmaeidae, Endromidae, Lasiocampidae, Notodontidae und Lymantriinae

Der zunehmend kalt-feuchte Spätherbst ist keine typische Jahreszeit für Falter. Aber der **Braune Wiesenspinner** *(Lemonia dumi)* ist auch kein typischer Falter. Die Männchen fliegen in der warmen Mittagssonne auf der Suche nach Weibchen herum, die nach der Begattung die Eier in kleinen Grüppchen an trockene, dünne Stängel oder Blätter setzen. Anschließend stirbt das Weibchen, auch die Männchen leben meistens nur einen Tag.

Die Eier sehen aus wie kleine Perlen: dunkelbraun marmoriert mit zwei weißen Binden und einem dunkel gefärbten Fleck, der Mikropyle, in der Mitte. Sie überwintern. Eine Schneedecke schützt sie vor zu tiefen Temperaturen und ihre Höhe am Halm – einige Zentimeter über der Erde – vor der Staunässe feuchter Witterungsperioden. Die frisch geschlüpften Raupen kriechen im Frühjahr auf die Erde herab und gehen auf Futtersuche. Scheint die Sonne, suchen die Raupen gerne ein Fleckchen bloßer Erde auf, um einfach nur Wärme zu tanken. Zur Verpuppung kriecht die erwachsene Raupe in die Erde. Anders als ihre Verwandten können die Raupen der Familie der Wiesenspinner (Lemonidae, nach neuerer Systematik Brahmaeidae) keinen Kokon spinnen, weil ihre Seidensekretdrüsen zurückgebildet sind. So trägt die kleine Familie, die in Mitteleuropa mit zwei von insgesamt zwölf Arten vertreten ist, den «Spinner» in ihrem Namen eigentlich zu Unrecht.

Die kräftigen rotbraunen Falter mit gelber Zeichnung und einer Flügelspannweite bis 62 Millimeter gehören zu den seltensten Schmetterlingen Mitteleuropas und fliegen ausschließlich auf großen, mageren und niemals gedüngten Wiesen. Sobald die Wiesen gedüngt, aufgeforstet oder zu intensiv beweidet werden, verschwindet die Art. Da nützt es auch überhaupt nichts, dass die Nahrungspflanzen seiner Raupen – gelbe Korbblütler wie Habichtskraut-, Ferkelkraut- oder Löwenzahn-Arten – häufige und weite verbreitete Pflanzen sind. Es reicht eine Ausbringung von Gülle oder Mineraldünger, und die Wiese ist für den Braunen Wiesenspinner verloren.

Ist der Braune Wiesenspinner einer der letzten Falter, den wir im Jahreslauf beobachten können, gehört der **Birkenspinner** *(Endromis versicolora)* im zeitigen Frühjahr zu den allerersten. Er fliegt in südlichen Regionen bei Warmlufteinbrüchen manchmal schon im Februar.

Die Tiere überwintern, wahrscheinlich vielerorts bereits in der Puppe fertig als Falter entwickelt, im lockeren Kokon im Boden. Im braunen Laub des Waldbodens sind die Weibchen mit ihrer hellbraunen und die Männchen mit ihrer dunkleren, rötlichen Grundfärbung perfekt getarnt. Aufgrund der Musterung wird der hübsche Falter, der mit einer Flügelspannweite der Weibchen von bis zu knapp acht Zentimetern zu den großen Spinnern Mitteleuropas gehört, auch Scheckflügel genannt. Die Weibchen sitzen nach dem Schlupf am Boden oder in Bodennähe und locken die wild umherfliegenden Männchen an. Gleich nach der Begattung begeben sich die Weibchen auf die Suche nach geeigneten Eiablageplätzen und legen die Eier in Reihen, zuweilen in mehreren Lagen, entlang von Zweigen ab. Die Falter leben nur wenige Tage. Mit ihren verkümmerten Saugrüsseln können sie keine Nahrung aufnehmen.

Kurz vor dem Schlupf der Raupen, etwa zwei Wochen nach der Eiablage, verfärben sich die anfangs hellen Eier dunkelgrau. Die erst schwarzen, später grünen Raupen leben zunächst gesellig und ruhen gemeinsam in einer charakteristischen Abwehrstellung, indem sie sich nebeneinander mit den Hinterfüßen am Ast festhalten und den Körper nach oben biegen.

Der Birkenspinner ist in Mitteleuropa die einzige Art der kleinen Schmetterlingsfamilie der Birken- oder Frühlingsspinner (Endromidae). Diese Familie gehört zusammen mit den Wiesenspinnern und Brahmaeaspinnern (Brahmaeidae), den Pfauenspinnern (Saturniidae), den Schwärmern (Sphingidae) und den Echten Spinnern (Bombycidae) zu der Überfamilie der Bombycoidea.

DIE GLUCKEN UNTER DEN FALTERN

Wie manch andere Faltergruppen haben Glucken, die mit wissenschaftlichem Namen Lasiocampidae heißen, einen für unsere Ohren lustigen Namen, den wir nicht unbedingt sofort mit Schmetterlingen verbinden. Den Begriff «Glucke» hat wahrscheinlich erstmals ein Naturwissenschaftler aus dem 18. Jahrhundert, Moritz Balthasar Borkhausen, verwendet, weil ihn die Ruheposition der Falter an eine brütende Henne erinnerte. Die Falter schlagen im Sitzen ihre Flügel eng an den Körper nach unten. In anderen alten Quellen werden diese Falter «Glocken» genannt, was ebenfalls auf die Flügelstellung zurückzuführen sein dürfte. Die Familie ist in Mitteleuropa mit gut 20 Arten vertreten. Die meisten der weltweit 1500 Arten leben in den Tropen.

Unverwechselbar ist die **Pflaumenglucke** *(Odonestis pruni)*. Die orangefarbene Falterart, deren Männchen fünf und Weibchen über sechs Zentimeter Flügelspannweite erreichen, hat eine zarte dunkle Zeichnung auf den Vorderflügeln sowie zwei auffällige, helle Flecke. Die Saugrüssel sind bei den Glucken stets zurückgebildet. Das Pflaumenglucken-Weibchen legt nachts einige Eier auf die Unterseite der Blätter verschiedener Bäume und Sträucher. Die Raupen sind unscheinbar grau gefärbt und ein Beispiel für eine perfekte Borkenmimese: Wenn sie längs an einem Ast oder Zweig ruhen, sind sie nicht zu entdecken. Auf die perfekte Tarnung vertrauen sie auch im Winter. Sie spinnen sich lediglich ein seidiges Kissen, auf dem sie ohne weiteren Schutz den Winter überdauern.

Pflaumenglucken fliegen in gehölzreichen Magerrasen, Streuobstwiesen und offenen Waldsäumen, die **Weiden**- oder **Blaubeerglucke** *(Phyllodesma ilicifolia)* ist ein Bewohner von Feuchtgebieten. Vor dem Winter verpuppt sich die erwachsene Raupe in einem Gespinst, das zu Boden fällt und dort den Winter überdauert. Der Falter schlüpft im Frühjahr. Wenn er ruht, hat er den typischen Glucken-Habitus: Die Vorderflügel liegen dachförmig dem Körper an, während die Hinterflügel seitlich weggespreizt werden. Mit ihren grau-orangebraunen Flügeln sieht die Blaubeerglucke einem welken Blatt zum Verwechseln ähnlich und ist daher tagsüber in Ruhestellung praktisch unauffindbar. Und auch sonst führt der Falter ein sehr verstecktes Leben. Im Gegensatz zu vielen seiner Verwandten fliegt er kaum in die Lichtfallen der Schmetterlingskundler. Leichter ist der Nachweis der behaarten Raupen, die sich gezielt an Heidelbeeren suchen lassen und sich zumeist durch charakteristisch regelmäßige schwarz-blaugrau-weiße Flecke auf orangebraunem Grund auszeichnen.

Alle drei Arten, Birkenspinner, Pflaumenglucke und Blaubeerglucke, sind in unserer Landschaft sehr, sehr selten geworden, obwohl ihre Nahrungspflanzen häufig und weit verbreitet sind: Die Raupen des Birkenspinners fressen vor allem an Birkenlaub, die der fast überall ausgestorbenen Pflaumenglucke an Bäumen und Sträuchern der Gattung *Prunus*, zu der Pflaumen, Mirabellen und Kirschen gehören. Und Weiden- oder Blaubeerglucken-Raupen fressen vorzugsweise an Heidelbeere, Rauschbeere und Weiden.

Die Gründe für den vielerorts drastischen Rückgang dieser einst häufigeren Arten sind vielfältig. Der Birkenspinner findet in Nadelholzaufforstungen keine Lebensgrundlage mehr, zusätzlich wird ihm die nächtliche Lichtverschmutzung zum Verhängnis. Die Pflaumenglucke leidet unter dem Einsatz von Insektiziden und dem Fällen alter Obstbäume. Die Blaubeerglucke benötigt nährstoffarme, feuchte Habitate, die durch Entwässerung und Nährstoffeinträge immer seltener werden. Und weil sie ein schlechter Flieger ist, hat die komplette Zerstörung eines kleinen Relikt-Lebensraumes das Erlöschen einer ganzen Population zur Folge.

ZISTROSEN SIND EINE ZIER

Im Frühling prägen die Sträucher mit ihren weißen und rosa Blüten die Strauchformationen rund um das Mittelmeer, die Macchien und Garrigues. Es sind immergrüne Sträucher, die mit ihren ledrigen und häufig behaarten Blättern gut an die niederschlagsfreien Sommermonate ihrer Heimat angepasst sind.
Eine der rund zwanzig verschiedenen Zistrosen-Arten ist die Kretische Zistrose (*Cistus creticus*), die aber nicht nur auf Kreta, sondern im gesamten östlichen und südlichen Mittelmeergebiet verbreitet ist. Mit ihren filzigen Blättern wird sie im Deutschen auch Graubehaarte Zistrose genannt. Die Lack-Zistrose (*Cistus ladanifer*) hingegen kommt im westlichen Mittelmeergebiet vor. Dort fliegt auch ***Psilogaster loti***, eine Glucke, deren Raupen an verschiedenen Zistrosengewächsen fressen.

Besonders schön sind die Blüten der Kreuzung beider genannter Arten, *Cistus × purpureus*, die bereits Ende des 18. Jahrhunderts als Gartenpflanze bekannt war. Sie vereinen die rosa Farbe der Kretischen Zistrose mit den dunklen Blütenmalen der Lack-Zistrose. Neben den rosa und weiß blühenden Arten der Gattung *Cistus* gibt es zahlreiche gelb blühende Zistrosengewächse, wie zum Beispiel die Gelbe Zistrose (*Halimium halimifolium*), einen bis einen Meter hohen Strauch, der im westlichen Mittelmeergebiet vorkommt, oder die auch in Mitteleuropa verbreiteten Arten der Sonnenröschen (*Helianthemum*).

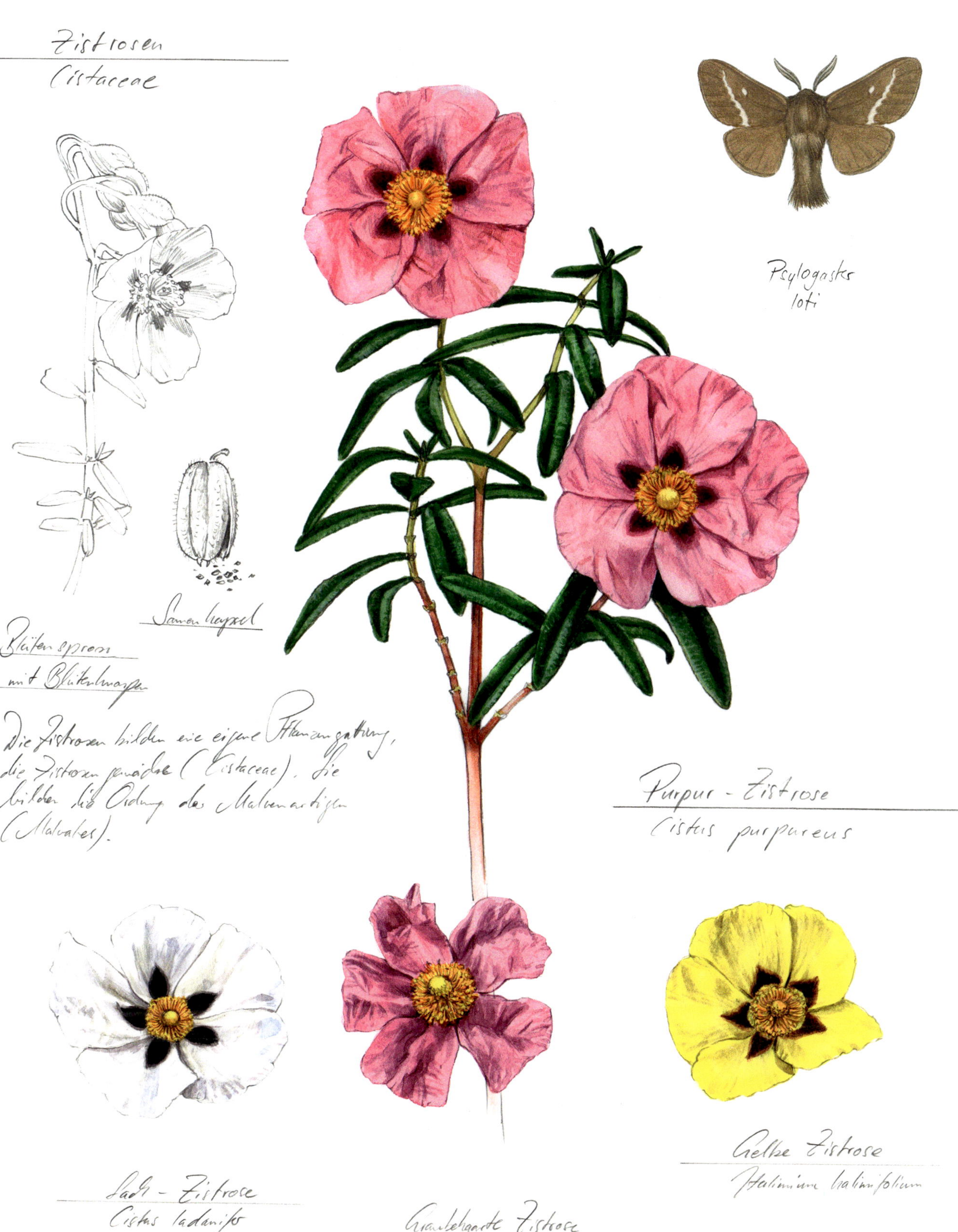
Zistrosen
Cistaceae
Psylogaster loti
Samenkapsel
Blütenspross
mit Blütenknospen
Die Zistrosen bilden eine eigene Pflanzengattung, die Zistrosengewächse (Cistaceae). Sie bilden die Ordnung der Malvenartigen (Malvales).
Purpur-Zistrose
Cistus purpureus
Lack-Zistrose
Cistus ladanifer
Graubehaarte Zistrose
Cistus incanus
Gelbe Zistrose
Halimium halimifolium

IN REIH UND GLIED: DIE PROZESSIONSSPINNER

Unter den Faltern gibt es zahlreiche Arten, die als Schädlinge bekämpft werden oder der Gesundheit des Menschen abträglich werden können. Beides trifft auf den **Kiefern-Prozessionsspinner** *(Thaumetopoea pinivora)*, der zu den Zahnspinnern (Notodontidae) gehört, zu. Seine Raupen können ganze Kiefernzweige ordentlich kahl fressen. Als wenn das so nicht genug wäre, haben sie neben ihrer dichten langen Behaarung noch Tausende winzige Haare, die sich leicht ablösen und bei Säugetieren Hautverbrennungen, allergische Reaktionen und Atembeschwerden auslösen können, denn sie enthalten das Nesselgift Thaumetopoein. Die Gifthaare werden bei der Verpuppung in die Kokons mit eingesponnen und behalten ihre Wirkung jahrzehntelang, lange, nachdem der Falter geschlüpft ist. Deshalb wird vor dem Betreten stark befallener Wälder gewarnt. Massenauftreten des Falters und seiner Verwandten, des Eichen-Prozessionsspinners *(Th. processionea)* oder des im südlichen Europa verbreiteten Pinien-Prozessionsspinners *(Th. pityocampa)*, werden gezielt mit biologischen und chemischen Mitteln bekämpft.

Die Raupen des Kiefern-Prozessionsspinners leben gesellig in Gespinsten, die auffällig in den Zweigen hängen. Von dort aus machen sie sich die Raupen nachts hintereinander in einer «Prozession» wie an einer Perlenschnur aufgereiht auf, um Futter zu suchen. Auch die Verpuppung erfolgt gemeinsam am Boden. Die Falter selbst sind unscheinbar graue und kurzlebige Motten, die keine Nahrung aufnehmen können.

AB IN DIE WÜSTE – *THAUMETOPOEA HERCULEANA*

Die Verbreitung von ***Thaumetopoea herculeana***, einer anderen, recht kleinen Zahnspinner-Art, deckt sich mit dem Areal zahlreicher Pflanzenarten, die von den Kanarischen Inseln über Nordafrika bis in den Nahen Osten und teilweise bis in die Wüstengebiete Nordostindiens vorkommen und in Europa gerade den äußersten Süden der Iberischen Halbinsel erreichen. Dazu gehören Arten wie das Kanaren-Sonnenröschen, der Kameldorn oder Gattungen wie die Dattelpalme oder der Drachenbaum. Es sind Arten, die an die extrem trockenen und kargen Umweltbedingungen der sogenannten saharo-sindischen Region mit ihren Wüsten und Halbwüsten angepasst sind. Sie werfen den Sommer über die Blätter ab oder überstehen die Trockenheit dank ihrer ledrigen Blätter. Auch *Thaumetopoea herculeana* gliedert sich im Jahreslauf perfekt ein. Der Falter fliegt in den kühleren Wintermonaten, die Raupe frisst in den Frühlingsmonaten das frische Grün von Zistrosen oder Sonnenröschen, manchmal auch verschiedene Storchschnabelgewächse. Die Art übersommert die heißen, trocken Monate als Puppe.

DIE DRACHEN UNTER DEN RAUPEN

Die wenigsten Zahnspinner treten wie Prozessionsspinner in Massen auf. Der **Weiße Gabelschwanz** *(Cerura erminea)*, der aufgrund seiner hübschen schwarzen Zeichnung mit Linien und Punkten auf fast reinweißem Grund auch **Hermelinspinner** genannt wird, ist eine seltene und gefährdete Art. Er ist ein großer Falter, dessen Weibchen sieben Zentimeter Flügelspannweite erreichen können. Die Männchen sehen den Weibchen sehr ähnlich, sind aber kleiner. Wie alle Falter der großen Familie der Zahnspinner, von der weltweit über 2600 Arten beschrieben wurden, ist der Hermelinspinner nachtaktiv. Die Falter ruhen tagsüber verborgen und perfekt getarnt in Ritzen von Bäumen und anderen Verstecken. Das Weibchen legt seine flachen, diskusförmigen Eier mit kreisrunder grün-roter Musterung zumeist an Blättern von Zitter-Pappeln ab und bevorzugt dabei ältere Baumbestände in Gewässernähe.

Die Raupen sind sogenannte Drachenraupen, deren vordere Segmente einen scharfen Buckel bilden. Sie wachsen schnell bis auf eine Größe von sieben Zentimetern heran. Ihre Tarnung ist perfekt: Die Seiten sind grün, auf der Oberseite verläuft ein brauner Sattel, der sich in der Mitte auf die Seiten hinunterzieht. Das Ende der Raupen läuft in einen gegabelten Schwanz aus. In Ruhestellung hängen sie fest mit ihren Vorderbeinen an einem Ast und sind kaum von einem schmalen Blatt zu unterscheiden. Droht ihnen Gefahr, ändert sich das sofort: Die Raupe zieht ihren Kopf ein und öffnet ihre Mundwerkzeuge, die Mandibeln. Die ersten Brustsegmente direkt hinter dem Kopf schwellen an und geben den Blicke auf zwei kräftige Augenflecke und einen roten Ring auf der Vorderseite des ersten Segments frei, die die Raupe viel größer erscheinen lassen und den Angreifer in die Flucht jagen sollen. Die furchterregende Erscheinung wird durch peitschenartige Enden, die aus den Gabelschwänzen ausgestülpt und umhergeschlagen werden, verstärkt.

FLIEGENDE RAUPEN

Schmetterlinge sind gute Flieger, das weiß jedes Kind. Aber es gibt auch Falter, denen das Fliegen schwer fällt oder die das Fliegen ganz aufgegeben haben. Bei diesen Arten fliegen die Raupen häufig besser und weiter. Natürlich haben Raupen keine Flügel. Aber manche frisch geschlüpfte Eiraupen besitzen extrem lange Haare, mit deren Hilfe sie sich vom Wind über weite Strecken verdriften lassen. Eine solche passive Ausbreitung durch die Luft kennen wir vor allem von lang behaarten Pflanzensamen und -früchten. Damit kann eine Art neue Regionen erschließen und ihr Verbreitungsareal vergrößern.

Der seltene **Eckfleck-Bürstenspinner** *(Orgyia recens)* hat solche fliegenden Eiraupen. Und das ist gut so, denn auf diese Weise können die Raupen an ihre Nahrungspflanzen gelangen. Sie fressen an verschiedenen Gehölzarten wie Weiden, Pflaumen, Birken und Eichen. Die Eckfleck-Bürstenspinner-Weibchen sind nur noch flügellose und mit Eiern gefüllte, dicht behaarte Säcke. Kopf, Brustteil und Beine sind kaum noch erkennbar. Das Tier schlüpft im Sommer aus dem Kokon, lockt mithilfe seiner Pheromone die tagaktiven Männchen an und legt nach der Begattung seine Eier neben oder in den leeren Kokon. Nachdem es die Eier mit seinen Hinterleibshaaren bedeckt hat, stirbt es. Auch die Männchen haben eine kurze Lebensdauer. Die Faltergeneration dient also nur noch der Fortpflanzung der Art, deren dominierende Generation das Larvenstadium ist.

LANDUNG MIT DEN FÜSSEN VORAN

Im Gegensatz zu den Bürstenspinnern können die Weibchen der Streckfuß-Arten fliegen. Diese Gattung verdankt ihren deutschen Namen der Tatsache, dass die Tiere beim Landen ihre Vorderfüße nach vorne strecken und sie dort auch in Ruheposition belassen. Eine weit verbreitete Art ist der **Tannen-Streckfuß** *(Calliteara abietis)*, der auch nach der wichtigsten Nahrungspflanze seiner Raupen, der Fichte, Fichten-Streckfuß genannt wird. Die Raupen fressen aber auch an anderen Nadelbäumen. Das Verbreitungsgebiet des grau-weiß gemusterten Falters deckt sich mit dem der Fichte: Er ist ostwärts bis Sibirien verbreitet und erreicht in Mitteleuropa seine westliche Arealgrenze. Die geschützte Art ist vielerorts sehr selten geworden, vom Aussterben bedroht oder bereits ausgestorben.

Die Streckfüße gehören wie die Bürstenspinner zu einer kleinen Familie, den Trägspinnern, die heute als Unterfamilie Lymantriinae zu den Erebidae mit weltweit etwa 11 000 Arten gestellt werden. Trägspinner haben eine erstaunliche Fähigkeit: Sie können mit ihrem Hörorgan, dem sogenannten Tympanalorgan, das sich paarweise an den Brustseiten befindet, den Ultraschall der Fledermäuse wahrnehmen und ihnen rechtzeitig mit einem Sturzflug ausweichen. Damit sind Trägspinner nicht alleine. Auch Bärenfalter, Eulenfalter und Zahnspinner können auf diese Weise den Fledermäusen ein Schnippchen schlagen.

J. Brandstetter 2001

Starke Wanderer: die Schwärmer

Sphingidae

Das Wandern ist des Schwärmers Lust. Immer wieder fliegen Falter aus südlichen Gefilden zu uns und bereichern unsere Schmetterlingsfauna mit subtropischen, zum Teil recht großen und vor allem wunderschön gezeichneten Arten. Wanderungen können der Erschließung neuer Lebensräume dienen oder auch, wie wir es von vielen Zugvögeln kennen, der Flucht vor klimatisch ungünstigen Jahreszeiten. Bei der Familie der Schwärmer (Sphingidae) spielt mal das eine, mal das andere eine Rolle – für ihre Wanderlust sind die hervorragenden Flieger jedenfalls bestens ausgerüstet: Sie haben einen kräftigen, torpedoförmigen und aerodynamischen Körper, in dem viel Flügelmuskulatur Platz hat.

Der **Oleanderschwärmer** *(Daphnis nerii)* fliegt als Gast gelegentlich über die Alpen. Er ist in den feuchtwarmen Regionen Afrikas, der Arabischen Halbinsel und im südlichen Asien zu Hause. Sein Verbreitungsgebiet deckt sich mit dem der wichtigsten Nahrungspflanze der Raupen, dem Oleander. Die nördliche Grenze des Gebietes, in dem der Falter das ganze Jahr über zu beobachten ist, liegt im südöstlichen Mittelmeerraum.

Das Wanderverhalten des Oleanderschwärmers wird durch die Tageslänge ausgelöst. Wachsen die Raupen bei einer Tageslänge von weniger als etwa 14 Stunden heran, bleiben die Falter in der Region und pflanzen sich dort fort. Sind die Raupen länger dem Tageslicht ausgesetzt, wandern die Falter dieser Generation Richtung Norden aus. So umgehen sie subtropische trocken-heiße Sommer, die die nachfolgende Puppengeneration nicht überleben würde. Die Falter der Folgegeneration wandern zumindest zum Teil wieder zurück nach Süden, um kalten Wintern zu entgehen.

Schwärmer sind Süßschnäbel. Fast alle sind eifrige Blütenbesucher und decken mit dem Nektar ihren hohen Energiebedarf. Mit langen Rüsseln können sie in langen Kronröhren tief verborgenen Nektar saugen, den Bienen oder Hummeln nicht erreichen können, und stehen dabei im Schwirrflug vor der Blüte. Schon mancher hat seinen Augen nicht getraut, weil er in Europa einen vermeintlichen Kolibri vor sich hatte!

Die meist nachtaktiven Schwärmer sind besonders effektive Blütenbestäuber. Und so verwundert es nicht, dass Blütenpflanzen im Laufe der Evolution einige Tricks entwickelt haben, um diese Nachtfalter anzulocken: Eine typische Schwärmerblume öffnet sich erst gegen Abend und beginnt auch erst dann zu duften. Das machen einige Nachtkerzen-Arten derart pünktlich, dass man die Uhr nach ihnen stellen kann. Im Englischen heißen sie deshalb *eight o'clock flower*. Wie die meisten Nachtfalterblumen haben Nachtkerzen helle Blüten, die sich gut gegen den nächtlichen dunklen Hintergrund abheben.

Ein einheimischer Vertreter der vorwiegend tropisch verbreiteten Schwärmer ist der kleine **Hummelschwärmer** *(Hemaris fuciformis)*. Er fliegt an warmen Tagen bereits im Spätfrühling in lichten Wäldern, an Waldrändern und auf bunt blühenden Wiesen. Eine zweite Generation ist im Hochsommer unterwegs. Charakteristisch für den Hummelschwärmer sind seine teils durchsichtigen Flügel. Die tagaktive Art sucht für die Nektaraufnahme gerne blaue und violette Blüten auf und legt ihre Eier auf Geißblätter und Schneebeeren in sonniger Lage ab. Die Raupen fressen charakteristische Löcher zwischen die Blattnerven und können damit leicht nachgewiesen werden. Wie fast alle heimischen Schwärmer ist der Hummelschwärmer eine gefährdete Art.

Einer der größten europäischen Schmetterlinge, der **Totenkopfschwärmer** *(Acherontia atropos)*, fliegt nicht auf Blüten. Mit seinem kurzen Rüssel ist ihm der Weg zu den meisten Nektarquellen versperrt. Stattdessen bevorzugt er bereits verarbeiteten Nektar und plündert Bienenstöcke. Es ist schon erstaunlich, dass dieser kräftige Schwärmer mit einer Flügelspannweite von 13 Zentimetern in Bienenstöcke eindringen kann. Er quetscht sich zwischen den Waben hindurch, sticht die Wabenzellen an und saugt sie leer. Bis er genug hat, vergeht rund eine Viertelstunde. Gegen die Angriffe der Bienen hat er Gegenmaßnahmen entwickelt: Seine Flügel sind dicht beschuppt und seine glatte Cuticula, seine Außenhaut, weist die gleichen Fettsäuren wie die der Bienen auf. Deshalb riecht ein Totenkopfschwärmer für die Bienen nicht wie ein Fremdkörper. Und gegen das Bienengift ist er immun. Wird er arg bedrängt – auch außerhalb des Bienenstockes –, gibt er zur Abschreckung ein kratzendes Piepen von sich.

Die Oberseite des Thorax, wie der Brustteil von Insekten genannt wird, ziert eine helle Zeichnung, die einem Totenkopf ähnelt. Auf diese Zeichnung, die alle drei Arten der

Gattung *Acherontia* eint, beziehen sich die wissenschaftlichen Falternamen: Der Name des Totenkopfschwärmers weist auf Atropos, den Namen der asiatischen Art *Acherontia lachesis* auf Lachesis hin. Atropos und Lachesis sind zwei der drei griechischen Schicksalsgöttinnen. Die dritte *Acherontia*-Art, *Acherontia styx*, trägt den Namen eines Flusses der Unterwelt.

Das Verbreitungsgebiet des Totenkopfschwärmers reicht von der Arabischen Halbinsel und dem afrikanischen Kontinent bis nach Südeuropa. Nach Mitteleuropa wandern die Falter regelmäßig ein. Auf dem Flug reifen die Eier, die hierzulande bevorzugt an Kartoffeln abgelegt werden. Die Raupen fressen aber auch an vielen anderen Pflanzen, nehmen dabei schnell an Gewicht zu und erreichen eine stattliche Länge von bis zu 12 Zentimetern. Bis zur Verpuppung brauchen sie etwa vier Wochen. Nach der vierten Häutung nehmen die erst unscheinbar graubraunen Raupen eine gelbe oder grüngelbe Färbung an, die an der Seite von schwarzen Punkten und blauen Streifen unterbrochen wird. In milden Wintern überleben die Puppen zuweilen nördlich der Alpen, eine dauerhafte Etablierung ist hier jedoch nicht zu erwarten.

Wolfsmilchgewächse (Euphorbiaceae) sind für viele Tierarten giftig, nicht aber für den **Wolfsmilchschwärmer** *(Hyles euphorbiae)*. Seine Raupen werden durch die Di- und Triterpene ihrer Nahrungspflanzen selber giftig. Zusätzlich verlassen sie sich auf ihre auffällige Warntracht mit je nach Alter roter oder gelber Musterung und – wie alle Schwärmer-Raupen – einem Horn an ihrem hinteren Ende. Sie sind auch tagsüber unterwegs und deshalb im Gegensatz zum rasant fliegenden Falter sehr leicht zu finden.

Der tag- und nachtaktive Falter saugt an verschiedenen Blüten. Bei Störung öffnet er die Vorderflügel, sodass die rot gefärbten Hinterflügel zum Vorschein kommen. Dazu hüpft er seltsam auf und ab – wahrscheinlich, um den Störenfried zu erschrecken. Die Giftstoffe aus der Raupe hat der Falter übernommen und wird deshalb von vielen Vögeln verschmäht.

In Mitteleuropa ist die Zypressen-Wolfsmilch die wichtigste Nahrungspflanze des Wolfsmilchschwärmers. Die Weibchen sind wählerisch und suchen für die Eiablage warme, offene oder lückig bewachsene Flächen auf. Aber es gibt einfach immer weniger solcher mageren und trockenen Standorte. Trotz seiner Fähigkeit, neue Lebensräume zu besiedeln, ist der einst häufige Wolfsmilchschwärmer in vielen Regionen Mitteleuropas inzwischen gefährdet.

In einigen Bundesstaaten im Nordwesten und Norden der Vereinigten Staaten wird er als Schädlingsbekämpfer gegen verschiedene Wolfsmilch-Arten eingesetzt, die zu einem ernsthaften Problem für die Landwirtschaft geworden sind.

J. Brandstetter 2001

Raupen mit charakteristischer Fortbewegung: die Spanner

Geometridae

Als Lieblingsspeise zahlreicher Singvögel sind viele Schmetterlingsraupen im Laufe der Evolution zu Meistern der Tarnung geworden. Manche bringen es so weit, dass sie von Zweigen oder Ästen ihrer Nahrungspflanzen kein bisschen zu unterscheiden sind. So gleichen die Raupen mancher Spanner (Geometridae), die sich von Laubbäumen ernähren, exakt kleinen, knorrigen Zweigen. Selbst die kleinen Atemöffnungen an den Zweigen, Lentizellen genannt, ahmen viele Raupen nach. Derart getarnte Raupen haben zum Beispiel der **Olivenspanner** *(Problepsis ocellata)*, der **Mondspanner** *(Selenia lunularia)*, der **Pappel-Dickleibspanner** *(Biston strataria)*, das **Grüne Blatt** *(Geometra papilionaria)* oder der **Nachtschwalbenschwanz** *(Ourapteryx sambucaria)*. Diese von Europa bis nach Asien verbreiteten Falter fliegen in Laubwäldern, Hecken, an Waldsäumen und zuweilen auch in Parks oder Gärten und sind recht häufige Arten.

Grünes Blatt

Die Raupen klammern sich in Ruhestellung mit den Hinterfüßen an einen Zweig und stecken den Körper gerade vorwärts. Zuweilen hängt der Kopf an einem Spinnfaden. Dann sieht die Raupe aus wie eine Verzweigung. Diese Art von Tarnung, bei der ein Tier einen Teil seines Lebensraumes nachahmt, wird Mimese genannt. Ist dieser Teil des Lebensraumes ein Teil einer Pflanze, handelt es sich um eine Phytomimese.

Die Spanner sind eine der größten Falterfamilien mit weltweit rund 23 000 Arten, von denen die meisten zarte, nachtaktive Falter sind. Mit vier bis fünf Zentimeter Flügelspannweite gehört der Nachtschwalbenschwanz, der aufgrund der bevorzugten Nahrungspflanze seiner Raupen auch **Holunderspanner** genannt wird, schon zu den großen Vertretern. Er ist mit seinen spitz zulaufenden Hinterflügeln unverwechselbar.

Holunderspanner

ROTWEIN UND LEUCHTLAMPE: DIE BASISAUSRÜSTUNG FÜR DEN FALTERFANG

Um nachtaktive Falter zu beobachten, muss man nicht nur abends lange durchhalten, sondern sich auch einiger Tricks bedienen. Wenig aufwendig ist die Verwendung von Ködern. Viele Nachtfalter, insbesondere die Eulenfalter, sind Schleckermäuler. Man kann sie gut mit stark gezuckertem Rotwein anlocken. Ist der Falter leicht beschwipst, kann man ihn getrost mit einem zarten Stups in die Hand fallen lassen und in Ruhe betrachten.

Etwas umständlicher, aber meist effektiver ist die Verwendung von Licht. Die meisten nachtaktiven Arten, zum Beispiel Eulenfalter, Spanner, Spinner, und die, die keinen Saugrüssel besitzen und deshalb auch keine Köder aufsuchen, lassen sich von Licht anlocken. Die enorme Anziehungskraft nächtlicher Lichtquellen ist Unmengen von Faltern und anderen nachtaktiven Insekten zum Verhängnis geworden. Die zunehmende Lichtverschmutzung auf unserem Planeten trägt deshalb ihren Teil dazu bei, dass viele nachtaktive Insektenarten immer seltener werden.

Lampen mit einem hohen Anteil an blauem und ultraviolettem Licht locken nicht nur ein großes Spektrum an Faltern an, auch Köcherfliegen und Käfer tragen zum wilden Treiben bei. Vor die Lampe wird zwischen Bäumen oder Pfählen ein Laken gespannt oder über die Lampe ein Gazeturm gestülpt. Dort können sich die Falter niederlassen.

Für die Beobachtung von Nachtfaltern eignen sich am besten warme, schwüle Sommernächte. Ist das Gebiet von der Nutzung durch den Menschen noch weitgehend verschont geblieben wie ein alpiner Rasen, kann es passieren, dass Falter zu Hunderten auf die Leuchtquelle zufliegen, hinhüpfen und hinkrabbeln und sie umschwirren. Plötzlich ist im Lichtkegel der Taschenlampe ein ganzer Hang in Bewegung. Ein unvergesslicher Anblick. Wo solche Unmengen von Faltern auf einem alpinen Rasen mit niedriger und lückiger Vegetation herkommen, ist kaum vorstellbar.

Allerdings sind die Zeiten, in der hierzulande in mancher Nacht ein komplettes Laken oder der Leuchtturm von Faltern verdunkelt wurde, vorbei. Die Menge der nachtaktiven Falter geht drastisch zurück, jeder Autofahrer kann das bestätigen: Noch vor wenigen Jahren waren Windschutzscheiben und Scheinwerfern nach einer Fahrt durch eine Sommernacht durch Abertausende von Insekten komplett verschmutzt. Tankstellen boten spezielle Reinigungsmittel an, um die fetthaltigen Insektenreste leicht von den Scheiben entfernen zu können. Heute sind solche Reinigungsmittel nicht mehr nötig.

Spanner-Raupen fehlen die vorderen zwei Bauchbeinpaare. Mit ihrem Bauchfußpaar und einem Nachschieber am Ende des Körpers bewegen sie sich in einer charakteristischen Weise fort, die der Familie ihren deutschen Namen gegeben hat: Sie strecken den Kopf und Brustbereich vor, klammern sich mit den Brustbeinen an ihrem Ziel fest und ziehen den Hinterleib nach.

Mondspanner

Nicht nur die Raupen, auch die Imagines der Spanner sind Meister der Tarnung. Die Falter des Mondspanners sehen aus wie ein braunes vertrocknetes Blatt. Die Pappel-Dickleibspanner ruhen tagsüber an der Borke von Bäumen und sind mit ihrer grauweißen Marmorierung praktisch unsichtbar. Neben den hell marmorierten Faltern gibt es wie beim nah verwandten Birkenspanner auch rein dunkle, die auf dunkler Baumrinde besser getarnt sind. In stark luftverschmutzten Gebieten schlug sich der Ruß aus den ungefilterten Industrieanlagen des letzten Jahrhunderts auch auf die Baumrinde nieder. In aufwendigen Studien wurde untersucht, ob helle Falter auf dunkler Borke schneller entdeckt und gefressen werden als helle Falter auf heller Borke und umgekehrt. Die Ergebnisse sind nicht immer eindeutig. Tendenziell ist aber in luftverschmutzten Gebieten, wo die Borke der Bäume dunkler ist, die dunkle Form stärker vertreten als die helle Form.

Pappel-Dickleibspanner

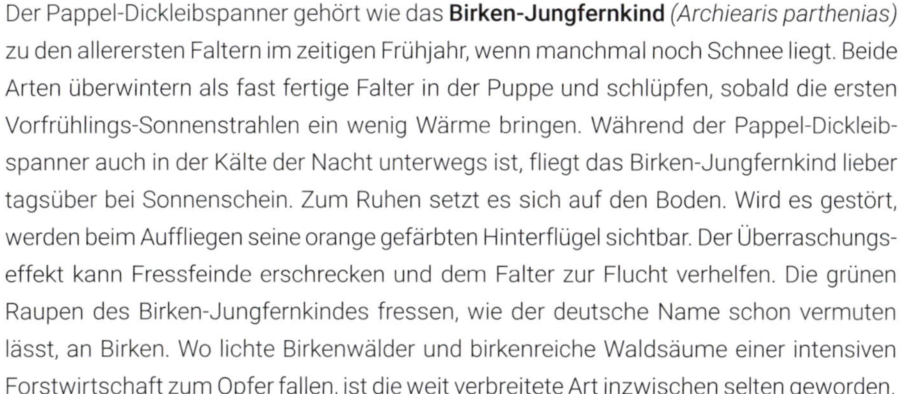

Der Pappel-Dickleibspanner gehört wie das **Birken-Jungfernkind** *(Archiearis parthenias)* zu den allerersten Faltern im zeitigen Frühjahr, wenn manchmal noch Schnee liegt. Beide Arten überwintern als fast fertige Falter in der Puppe und schlüpfen, sobald die ersten Vorfrühlings-Sonnenstrahlen ein wenig Wärme bringen. Während der Pappel-Dickleibspanner auch in der Kälte der Nacht unterwegs ist, fliegt das Birken-Jungfernkind lieber tagsüber bei Sonnenschein. Zum Ruhen setzt es sich auf den Boden. Wird es gestört, werden beim Auffliegen seine orange gefärbten Hinterflügel sichtbar. Der Überraschungseffekt kann Fressfeinde erschrecken und dem Falter zur Flucht verhelfen. Die grünen Raupen des Birken-Jungfernkindes fressen, wie der deutsche Name schon vermuten lässt, an Birken. Wo lichte Birkenwälder und birkenreiche Waldsäume einer intensiven Forstwirtschaft zum Opfer fallen, ist die weit verbreitete Art inzwischen selten geworden.

Auch der **Stachelbeerspanner** oder **Stachelbeer-Harlekin** *(Abraxas grossulariata)* wird immer seltener und ist in vielen Regionen Mitteleuropas ausgestorben. Seine Lebensräume, feuchte Laubwälder und Auwälder, schwinden. Zuweilen fliegt er in naturnahe Gärten, wo Stachelbeere und Johannisbeere wachsen. Doch aufgeräumte Gärten und der Einsatz von Insektiziden vertreiben den Stachelbeerspanner zunehmend auch aus den Siedlungsgebieten. Zufälligerweise sind die Raupen mit ihren gelben und schwarzen Punkten genauso gefärbt und gemustert wie der Falter.

Woher der Olivenbaum ursprünglich stammt, ist immer noch ungeklärt. Fest steht, dass er schon im Altertum im Mittelmeergebiet angebaut wurde. Er gilt als Charakterpflanze der mediterranen Vegetation. Von der Anpflanzung bis zur ersten Ernte vergehen mindestens sieben Jahre. Die Haupterntezeit liegt dabei im Oktober. Geerntet wird, indem Netze ausgelegt werden und mit langen Stangen die Oliven abgeschlagen werden.

Im Mittelmeerraum ist der **Olivenspanner** *(Problepsis ocellata)* ein Gast in Gärten und Olivenplantagen. Und obwohl die Olive inzwischen als Kulturpflanze weit über den Mittelmeerraum verbreitet ist, fliegt der Falter nur in dem Gebiet, in dem auch die Wildform des Olivenbaums, *Olea europaea* subsp. *europaea*, vorkommt. Seine Heimat ist der östliche Mittelmeerraum.

Ein hübscher kleiner Spanner ist der **Wellenspanner** *(Hydria undulata)*, dessen Flügelmuster seinem Namen alle Ehre macht – die Flügel sind mit einem feinen weiß-grau-hellbraunen Wellenmuster gezeichnet. Die Raupen fressen an Weiden und Heidelbeere und bauen sich aus einem mit Spinnfäden zusammengerollten Blatt einen geschützten Ruheplatz. Die Art, die auf der gesamten Nordhalbkugel in frischen, kühlen Wäldern lebt, überwintert als Puppe.

Hoch hinaus fliegt der **Alpen-Purpurspanner** *(Lythria plumularia)*. Die hübsche, kleine tagaktive Art ist auf Almwiesen und Geröllfluren zu beobachten, sobald der Schnee geschmolzen ist. Die Raupen fressen ausschließlich an Ampfer-Arten wie dem Schild-Ampfer oder dem Wiesen-Sauer-Ampfer.

Viele Spanner sind Waldbewohner. Einige fliegen auch auf Wiesen und Magerrasen, zum Beispiel der **Geschmückte Taubenkropf-Blütenspanner** *(Eupithecia venosata)* oder der **Sandthymian-Kleinspanner** *(Scopula decorata)*. Der Geschmückte Taubenkropf-Blütenspanner ist eine zunehmend seltene Art trockener Standorte, an denen der Gewöhnliche Taubenkropf und andere Leimkräuter vorkommen. Seine Puppe überwintert. Der Falter schlüpft nicht zwingend im nächsten Frühjahr, sondern «überliegt» zuweilen ein oder zwei Sommer. Vom Sandthymian-Kleinspanner existieren nur noch eine Handvoll Vorkommen in der brandenburgischen und sächsischen Lausitz. Er fliegt hier in offenen, nährstoffarmen Sandmagerrasen und lichten Sandkiefernwäldern, wo seine Raupe am Sand-Thymian frisst. Er ist in Mitteleuropa vom Aussterben bedroht ist.

Bergwanderer kennen die Alpen-Waldrebe, eine Liane mit meterlangen, verholzten Sprossen und großen, violetten Blüten. Zuweilen sind an dieser Pflanze Raupen des **Einfarbigen Waldrebenspanners** *(Horisme aemulata)* und des **Alpenreben-Blattspanners** *(Melanthia alaudaria)* zu finden. Man muss aber sehr genau hinschauen. Wie alle Spanner-Raupen sehen sie aus wie Zweiglein und sind in dem Gewirr von Zweigen und Blattstielen kaum zu entdecken. Der Einfarbige Waldrebenspanner ist als typische Bergwaldart ostwärts bis nach Zentralasien verbreitet. Der Alpenreben-Blattspanner hingegen ist eine zentraleuropäische Gebirgsart. Er fliegt bis in die subalpine Stufe bis etwa 2500 Meter Höhe. Beide Arten überwintern als Puppe und schlüpfen zwischen Mai und Juni und fressen auch an der Gewöhnlichen Waldrebe, die kleine, weiße Blüten hat.

Alpenwaldrebe (Clematis alpina)
Fensterschwärmerchen Thyris fenestrella
Fruchtstand

Ein Leben auf der Waldrebe: die Fensterfleckchen

Thyrididae

In warmen Gegenden Mitteleuropas lohnt es sich, im Sommer auf die Blätter der weit verbreiteten Gewöhnlichen Waldrebe zu achten. Sind einige Blätter eingeschnitten und eingerollt, sind hier Raupen eines kleinen, hübschen Falters unterwegs, der zu einer vor allem tropisch verbreiteten Familie, den Fensterfleckchen (Thyrididae), gehört. Es ist das **Fensterschwärmerchen** *(Thyris fenestrella),* ein kleiner, tagaktiver Schmetterling mit einer charakteristischen hellen Zeichnung auf orangebrauner bis dunkelbrauner Grundfärbung. Er schwirrt so schnell umher, dass man ihn kaum mit den Augen verfolgen kann. Nur wenn er sich auf eine Blüte setzt, kann man den Falter in Ruhe betrachten.

Das Weibchen des Fensterschwärmerchens legt wenige der ovalen, netzartig tief gerippten Eier auf der Unterseite eines Waldrebenblattes ab. Nach einer Woche schlüpfen die Raupen und beginnen umgehend, sich eine Unterkunft zu bauen: Dafür schneiden sie das Blatt von einer Seite her ein, rollen den Abschnitt zu einer Tüte ein und fixieren ihn mit Seidenfäden. Die Raupen wachsen schnell. Bald ist ihre Behausung zu klein und sie bauen sich eine neue, passende Blatttüte. So sind sie immer gut versteckt, und nur die charakteristischen Tüten an den Waldrebenblättern verraten die Anwesenheit des Schwärmerchens. Zum Bau der vierten und letzten Tüte nutzt die nun schon große und kräftige Raupe ein ganzes Blatt. Ist sie vollends ausgewachsen, rollt sie sich zur Verpuppung noch einmal in ein Blatt ein oder verkriecht sich in einen hohlen Stängel. In warmen Regionen ist die Entwicklung innerhalb von sechs Wochen abgeschlossen, dort fliegt die Art in zwei Generationen.

J. Brandstetter 97

Farbenfrohe Falter, pelzige Raupen: die Bärenspinner

Erebidae, Arctiinae

Rosen-Flechtenbärchen oder **Rosaroter Flechtenbär** – das sind doch Namen für Kuscheltiere und nicht für einen Falter, das mag man beim Lesen dieser Namen denken und bringt sie nicht mit einer kleinen Motte, die des Nachts zum Licht fliegt, in Verbindung. Schaut man sich aber diese kleine Motte genauer an, erkennt man, warum *Miltochrista miniata*, so der wissenschaftliche Name des Falters, diese deutschen Namen trägt: Die hell orangeroten mit schwarzen Bögen und Punkten gezeichneten Vorderflügel tragen einen breiten lachsrosa Rand. Damit wären die Rosen und das Rosarot in dem Falternamen geklärt.

Aber was hat ein Bär mit einer Motte zu tun? Um das herauszubekommen, müssen wir uns die Raupen anschauen: Sie sind derart dicht schwarzbraun behaart, dass sie ein wenig an den Pelz von Meister Petz erinnern oder an einen Pfeifenputzer oder eine Flaschenbürste. Diese dichte Behaarung ist ein charakteristisches Raupenmerkmal der Unterfamilie der Bärenspinner (Arctiinae), zu der der Rosarote Flechtenbär gehört. Weltweit gibt es über 7000 Bärenspinner, in Mitteleuropa gut 60.

So bleibt nur noch zu klären, welche Rolle Flechten für diesen kleinen Falter spielen. Nun, das ist einfach – Flechten spielen eine wichtige Rolle als Raupennahrung, und nicht nur für den Rosaroten Flechtenbär, sondern für die meisten der weltweit rund 2000 Flechtenbären.

Der unverwechselbare Rosarote Flechtenbär fliegt in feuchten Mischwäldern, Au- und Moorwäldern. Dort legt das Weibchen legt seine Eier auf der Borke verschiedener Laubbäume ab. Die Raupen fressen vorzugsweise Baumflechten, überwintern auf dem Baum oder im Laub am Boden und verpuppen sich schließlich im Frühjahr in einem mit Raupenhaaren versponnenen Kokon. Der Falter fliegt im Hochsommer. Die Art ist in ganz Europa verbreitet, aber nicht häufig.

Nicht alle Flechten sind so auffällig wie die Bartflechten der Bergwälder oder die Krustenflechten im Gebirge. Zahlreiche Flechtenarten wachsen unscheinbar auf dem Boden magerer Trockenrasen, in denen aufgrund der wenigen Nährstoffe im Boden keine geschlossene Grasnarbe ausgebildet ist. Von diesen Bodenflechten in Trockenrasen lebt das **Dunkelstirnige Flechtenbärchen** oder der **Trockenwiesen-Flechtenbär**, wie *Eilema lutarella* auch genannt wird. In Ruhestellung ist der kleine, kräftig ockergelbe Falter sehr schlank. Er rollt seine Flügel um den Körper und ist dann an den trockenen Grashalmen, wie sie zu seiner Flugzeit im Hochsommer das Bild der Magerrasen bestimmen, kaum zu sehen. Auf der Suche nach Weibchen fliegt das Männchen im Sonnenschein umher. Nach der Begattung lässt das Weibchen die Eier einfach ins Gras fallen. Die kleinen Raupen schlüpfen also nicht wie viele andere direkt auf ihrem Futter, sondern müssen sich ihre Nahrung aktiv suchen.

Wie bereits geschildert, ist der Artenreichtum bunt blühender Trockenrasen von einem niedrigen Nährstoffgehalt im Boden abhängig. Sobald Magerwiesen gedüngt werden, können sich schnellwüchsige Gräser durchsetzen und nehmen den konkurrenzschwachen Flechten Licht und Lebensraum. Mit den Flechten verschwindet auch die Lebensgrundlage des kleinen Trockenwiesen-Flechtenbären.

Wenn der **Schwarzgefleckte Bär** *(Chelis maculosa)* in der Morgendämmerung auffliegt, wird es bunt: Dann zeigt der Falter, der mit seinen braunen Vorderflügeln mit gleichmäßigen großen Flecken in Ruhestellung in der Vegetation kaum weiter auffällt, seine kräftig rosa Hinterflügel. Der eine oder andere Fressfeind mag vielleicht angesichts der Warnfarbe einen Schreck bekommen und den kleinen Falter fliegen lassen. Tagsüber und nachts ruht der Falter. Das Weibchen, dessen vorderer Körperteil dicht braun behaart ist, lässt seine Eier in die Vegetation fallen, wo sie sich zu kleinen Häufchen türmen. Sobald die Raupen schlüpfen, machen sie sich auf die Suche nach Futter. Sie bevorzugen Labkräuter.

Der Schwarzgefleckte Bär ist ein Bewohner trockener, heißer Kalkmager- und Steppenrasen. Nördlich der Alpen ist er vom Aussterben bedroht. Seine letzten Vorkommen In Deutschland liegen am Kyffhäuser in Thüringen und ganz vereinzelt in Sachsen-Anhalt und Brandenburg. Seine Habitate sind durch fehlende Beweidung und massiven Stickstoffeintrag aus umliegenden landwirtschaftlichen Flächen gefährdet. Auch das einzige Vorkommen der Schweiz im Wallis in einer Höhe von über 2000 Metern ist durch die Ausbringung von Gülle bedroht. Es ist angesichts des dramatischen Artensterbens in Mitteleuropa unverständlich, dass selbst in kostbaren Ökosystemen und in deren unmittelbarer Nachbarschaft die Entsorgung von Gülle überhaupt gesetzlich möglich ist.

Den in ganz Europa verbreiteten **Purpurbären** *(Diacrisia purpurata)* haben wir schon im Kapitel über die Magerrasen kennengelernt. Er kommt nicht nur auf mageren Trockenwiesen und -weiden vor, sondern auch auf Feucht- und Moorwiesen. Hauptsache, die Wiesen werden nicht gedüngt. Während viele andere Bären-Raupen eher dunkel gefärbt sind, sind die des Purpurbären vergleichsweise bunt. Ihr dunkler Körper trägt weißliche Flecke und Linien sowie braunrote oder gelbliche, weiße und schwarze Haare. Auch diese Art ist als typischer Falter blütenreicher Wiesen im Rückgang begriffen und vielerorts bereits ausgestorben oder gefährdet.

Einige wenige Bärenspinner sind in unserer Landschaft in den letzten Jahrzehnten nicht seltener geworden. Dazu zählt der **Gelbe Fleckleibbär** *(Spilarctia lutea)*, der auch **Gelbe Tigermotte** genannt wird. Die Falter fliegen im Frühsommer in verschiedenen Wiesentypen, lichten Gebüschen und an Waldsäumen und sind selbst in Gärten und Parkanlagen zu finden. Fleckleibbären stellen sich tot, wenn Gefahr droht: Sie legen die Flügel an und krümmen den schwarz gefleckten gelben Hinterleib nach oben. Die Raupen verpuppen sich vor dem Winter in einem dichten Gespinst, in das viele Raupenhaare eingewoben werden. In warmen Regionen schlüpfen die Falter gelegentlich vor dem Winter und fliegen dann in einer kleine Herbstpopulation.

Die bisher vorgestellten Arten sind schöne Beispiele, dass es unter den Bärenspinnern wunderbar farbige Falter gibt. Einige heimische Arten können es aber nicht nur hinsichtlich der bunten Färbung, sondern auch in der Größe mit unseren Tagfaltern aufnehmen. Der **Augsburger Bär** *(Arctia matronula)* ist mit bis zu zehn Zentimetern Flügelspannweite der größte unter ihnen. Der wärmeliebende Falter kam früher rund um Augsburg häufig vor, ist aber dort seit Langem verschollen. Seine Habitate, felsige, lichte und warme Hangwälder in Gewässernähe, gibt es in dieser Region schon längst nicht mehr. Auch im übrigen Mitteleuropa steht es um diese unverwechselbare Art nicht gut. Sie ist vielerorts ausgestorben oder unmittelbar vom Aussterben bedroht. Die Zersiedelung der Landschaft einerseits und der Umbau der Wälder zu dichten Forsten andererseits nehmen ihr den Lebensraum. Nur in den östlichen Alpen und in Osteuropa ist der Falter lokal noch hier und dort zu finden.

Der Augsburger Bär fliegt in den Sommermonaten kurz nach der Dämmerung. Das Weibchen legt seine Eier in lockeren Gruppen an Rinde oder Blätter. Die Raupen überwintern zwei Mal. Das führt dazu, dass der Augsburger Bär vielerorts nur noch alle zwei Jahre – stets in ungeraden Jahren – beobachtet werden kann.

Ein typischer Vertreter warmer und exponierter Trockenrasen ist der **Schwarze Bär** *(Arctia villica)*. Wenn die Weibchen schlüpfen, fliegen die Männchen auch im Sonnenlicht auf der Suche schnell umher. Meistens aber sind die Falter nachtaktiv und ruhen tagsüber

mit aneinandergelegten Vorderflügeln in der Vegetation. Sie fliegen nur bei Störung auf, dann werden wie in der Schreckstellung die leuchtend gelben Hinterflügel und der rote Hinterleib sichtbar. Der Schwarze Bär ist vor allem südlich der Alpen verbreitet und stellenweise nicht selten. Nördlich der Alpen kommt die Art nur noch an wenigen wärmebegünstigten Fundorten vor und ist vielerorts ausgestorben oder vom Aussterben bedroht.

Der **Braune Bär** *(Arctia caja)* macht seinem Namen alle Ehre. Die Raupen sind dicht mit schwarzen und rotbraunen Haaren besetzt, sodass sie wirklich einem Stück Bärenfell ähneln. Bärenspinner-Raupen kann man gefahrlos in die Hand nehmen. Weder brechen die Haare ab, noch dringen sie in die Haut ein wie die Raupenhaare einiger Glucken oder haben gar toxische Stoffe wie die der Prozessionsspinner. Die Raupen des Braunen Bären fressen an einer Vielzahl von Pflanzenarten. Ihrerseits werden sie wie alle heimischen Bärenspinner-Raupen gerne vom Kuckuck gefressen. Der Kuckuck ist auf Bärenspinnen-Raupen spezialisiert, ihm macht das haarige Futter nichts aus.

Der Falter ist mit dem hellen Netzmuster auf seinen kaffeebraunen Vorderflügeln unverwechselbar. Bei Berührung oder Gefahr geht er in Schreckstellung und öffnet seine Vorderflügel. Dann werden die orangen Hinterflügel mit den großen, dunkelblau-metallischen Punkten und der orangefarbene Hinterleib sichtbar. Gleichzeitig wird aus einer Drüse hinter dem Kopf ein übelriechendes Wehrsekret ausgestoßen. So mancher Fressfeind bekommt wirklich einen Schreck und lässt von der Beute ab.

Der Braune Bär, der erst ab Mitternacht fliegt, kommt in verschiedenen Habitaten vor. Er fliegt an Waldsäumen, in Gebüschen, in Hochstaudenfluren, Mager- und Feuchtwiesen oder auf naturnahen Straßen- und Bahnböschungen. Trotzdem nehmen seine Bestände immer mehr ab und in vielen Regionen wird er bereits als Rote-Liste-Art geführt. In einer Wüste aus totgespritzten Feldern, dichten Forsten, überdüngten und blütenlosen Wiesen, zubetonierten Wegen, Biogasanlagen und riesigen Logistikzentren hat selbst diese anspruchslose Art keinen Platz mehr.

Schöne Falter haben schöne, klangvolle Namen. Sogar wissenschaftliche Namen, die für viele Ohren häufig ein wenig sperrig klingen, machen für diesen besonderen Falter eine Ausnahme: *Callimorpha dominula,* die kleine Herrin von schöner Gestalt. Das ist der Name des **Schönbärs**, der seine lebhaft roten Hinterflügel erst bei geöffneten Vorderflügeln in Schreckstellung zeigt. Die rote Warntracht des mittelgroßen Falters mag Fressfeinde an die ungenießbaren Widderchen erinnern und deshalb abschrecken. Ruht er, ist er in der Vegetation mit seinen schwarzen Flügeln mit den großen orangen, hellgelben bis weißen Punkten kaum wahrzunehmen. Die Art fliegt gegen Abend, zuweilen auch am Tag, und besucht gerne violette Blüten wie die vom Wasserdost oder verschiedenen Distel-Arten.

Pyrrharctia isabella zwingt Fledermaus mit Störsender zum abdrehen
Auswahl an giftigen Ctenuchinae und Euchrominae.
Dinia eagrus
Uranophora eucyane
Cosmosoma sectinota
Tympanalorgan bei Noctuidea
Torax
Abdomen
JOHANN BRANDSTETTER 2019

Nicht nur der Falter ist wunderschön, auch seine Raupe, die zahlreiche Pflanzen als Nahrung annimmt, kann sich sehen lassen. An den Seiten ist sie graublau, oberseits schwarz, dazwischen hat sie beiderseits einen gelben Streifen mit weißer und schwarzer Musterung. Die Behaarung ist längst nicht so dicht wie bei den übrigen Bärenspinnern und setzt sich aus farblosen und schwarzen Borsten zusammen.

Der Schönbär fliegt im Hochsommer auf Lichtungen warmer und feuchter Wälder, in Hochstaudenfluren und am Rand von Moorwäldern und Gewässern. Das häufige Mähen von Straßenrändern und Grabenböschungen sowie die intensive Forstwirtschaft nehmen der Raupe ihre Lebengrundlage. Inzwischen ist der Schönbär in vielen Regionen ausgestorben oder sehr selten geworden.

ULTRASCHALL ALS WARNUNG: DIE CTENUCHINA

Im Schutz der dunklen Nacht sind zahlreiche Tiere unterwegs. Die große Mehrzahl der Falter entgeht auf diese Weise den Singvögeln, ihren Hauptfeinden, die tagaus, tagein auf der Jagd nach nahrhafter Beute sind. Doch auch im Dunkel der Nacht sind die Lüfte nicht sicher. Denn eine Tiergruppe hat eine raffinierte Technik entwickelt, mit der sie das große Nahrungsangebot nachtaktiver Insekten trotz der Dunkelheit nutzen kann: Die Fledermäuse, die sich mithilfe von Ultraschall im Dunkeln verständigen, sich orientieren und ihre Beute jagen. Fledermäuse sind wahrscheinlich einst selbst vor Raubtieren in die Nacht geflohen.

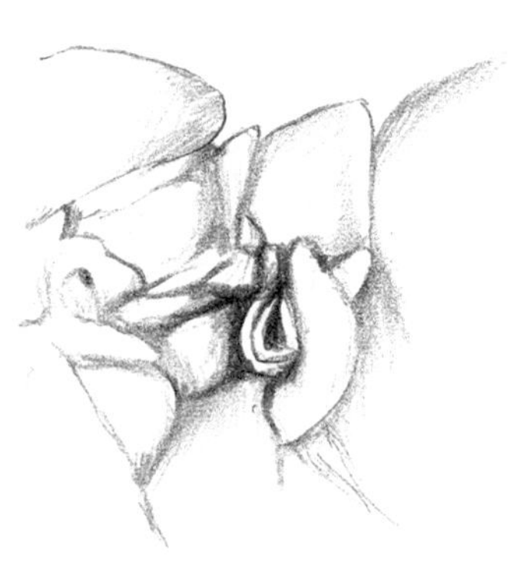

Fledermäuse sind hungrige Tiere. Bei uns ernähren sie sich vor allem von Insekten, die sie geschickt im Flug, am Boden oder an der Borke von Bäumen erbeuten. Auch Falter stehen stets auf ihrem Speiseplan. Wie bereits erwähnt, können einige Falterfamilien den Ultraschall der Fledermäuse mit ihrem Tympanalorgan wahrnehmen. Sie weichen den anfliegenden Räubern mit Sturzflügen aus. Zahlreiche Bärenspinner wie die Ctenuchina sind einen anderen Weg gegangen. Sie schmecken einfach widerlich. Diese farbenprächtigen südamerikanischen Bärenspinner nehmen verschiedene Giftstoffe aus ihren Nahrungspflanzen auf.

Die Gifte dienen auch als Rohmaterial für die Synthese der spezifischen Pheromone, gehen in die Eier über und können sogar mit dem Sperma der Männchen übertragen werden und spielen so bei der Fortpflanzung und beim Schutz der nächsten Generation eine wichtige Rolle.

Aber wie macht ein Falter einer Fledermaus im Dunkel der Nacht klar, dass er eklig schmeckt und giftig ist? Kräftige Signalfarben wie Blau bei ***Uranophora eucyane*** aus Brasilien, ***Cosmosoma sectinota*** aus Mexiko und Nicaragua, Rot bei der in Mexiko und Mittelamerika weit verbreiteten ***Dinia eagrus*** und ***Belemia rhebus*** aus Peru oder eine Wespenmimikry wie bei ***Orcynia calcarata*** aus dem nördlichen Südamerika sind bei den Ctenuchina weit verbreitet und schützen die Falter tagsüber vor Fressfeinden. Aber im Finstern sind sie wirkungslos. Daher muss sich der Falter der Signale bedienen, die die Fledermaus versteht, und sendet spezifische Ultraschalllaute aus. Eine Fledermaus weiß nach einmal Probieren, wie sich diese Widerlinge anhören, und lässt sie in Zukunft in Ruhe.

MIMIKRY GEHT AUCH AKUSTISCH

Das nutzen andere Falter wie der **Gebänderte Wollbär** *(Pyrrharctia isabella)* aus. Sie ahmen den «Ich-schmecke-widerlich-Ultraschalllaut» nach und schützen sich, ohne selbst giftig zu sein und ohne den eigenen Stoffwechsel an Gifte anpassen zu müssen. Diese akustische Mimikry klappt natürlich nur so lange, wie es genügend ungenießbare Falter gibt, anhand derer die Fledermäuse lernen können.

Tagsüber setzt der Gebänderte Wollbär auf Unauffälligkeit und ist mit seinen unscheinbaren, braun gemusterten Flügeln gut getarnt. Und weil er gelernt hat, Ultraschall wirkungsvoll einzusetzen, nutzt er dieses Kommunikationsmittel kurzerhand auch zum Flirten. Wenn paarungsbereite Weibchen die Pheromone der Männchen wahrnehmen, reagieren sie mit speziellen Klicklauten, die die Partner im Dunkeln zueinanderfinden lassen.

PERFEKTE WESPENFÄLSCHUNG: DIE GATTUNG *HORAMA*

Original oder Fälschung – das ist manchmal kaum zu erkennen. Es gibt Bärenspinner-Arten, die es zur Perfektion getrieben haben. Mit ihrer Wespentaille, ihrer Musterung, ihren Fühlern und ihrem Flugverhalten sehen die Vertreter der Gattung *Horama* haargenau wie Wespen aus. Selbst geübte Feldbiologen können die Falter im Flug nicht von Wespen unterscheiden. Jeder Fressfeind, der weiß, wie Wespenstiche schmerzen können, wird diese Bärenspinner in Ruhe lassen. Allerdings verblüfft die für eine Mimikry ungewöhnliche Perfektion, selbst der Wespenstachel wird imitiert. Die Nachahmung zentraler optischer Signale wie Farben, Musterung, Größe und Körperform sollte nur soweit erforderlich sein, wie Fressfeinde diese Signale auf ihrer meist schnellen Jagd erkennen können. Die *Horama*-Falter und ihre Verwandten müssen also jemanden täuschen, der besonders genau hinschauen kann.

Und dieser «jemand» sind genau die Tiere, die sie nachahmen: Es sind die Wespenarten, mit denen sie ihren Lebensraum teilen. Vor allem wenn Wespen ihre Brut aufziehen, sind Falter und andere Insekten regelmäßig auf ihrem Speiseplan. Sie sind geschickte, starke Flieger und haben hervorragende Augen, um Beute und Artgenossen zu unterscheiden. Eigentlich. Denn mit der Nachahmung bis ins letzte Detail schaffen es die *Horama*-Arten, die Wespen zu überlisten. Und sie setzen damit eine Mimikry-Regel außer Kraft, die besagt, dass die Nachahmer immer in geringerer Zahl vorhanden sein müssen als die ungenießbaren Tiere, damit Fressfeinde die Signale der ungenießbaren Beute lernen. Dieser Lernschritt entfällt bei den jagenden Wespen. Andere Wespen, egal ob Artgenossen oder verwandte Wespenarten, werden grundsätzlich nicht angegriffen. Vielleicht werden sie aber im Laufe der Evolution irgendwann eine Strategie entwickeln, um die *Horama*-Falter doch als Schmetterlinge erkennen und als Nahrungsquelle erschließen zu können.

Einige Arten wie ***Horama pretus**, **H. pantahlon**, **H. oedippus**, **H. plumipes, Macrocneme chrysitis*** und ***Pseudocharis minima*** sind weit verbreitet und kommen vor allem in Mittelamerika vor. Andere haben kleinere Verbreitungsgebiete und sind auf eine oder wenige Inseln beschränkt. ***Horama grotei*** ist endemisch auf Jamaika, ***H. pennipes*** auf Kuba. ***H. zapata*** kommt auf Kuba und den Bahamas vor, ***H. diffissa*** auf Kuba und Haiti.

Die Globalisierung macht auch vor diesen zarten Bärenspinnern nicht halt: Zuweilen schafft es ***Antichloris viridis***, als blinder Passagier in Bananenkisten nach Europa zu kommen. Die Art ist in einigen Regionen Mittel- und Südamerikas ein Schädling in Bananenplantagen und kann sich zwischen unreifen Früchten verpuppen. Es lohnt sich also, beim Bananenkauf genauer hinzuschauen. Bei manchem Schmetterlingsfreund ist aus einer solchen Puppe ein Falter geschlüpft! Allerdings hat er hierzulande keine Überlebenschancen. Es fehlen Geschlechtspartner, die nötige tropische Wärme und natürlich die Futterpflanzen.

Horama

Ctenuchinae

Horama Arten gehören zur Familie der Erebidae, und zur Unterfamilie der Arctiinae. Das Hauptverbreitungsgebiet liegt in der Karibik und Mittelamerika.

Horama panthalon
Mittelamerika, Antillen

Horama panthalon texana
Texas, Mexico

Horama oedippus
Mexico, Guatemala

Horama grotei
Jamaica

Horama pretus
Venezuela, West Indien

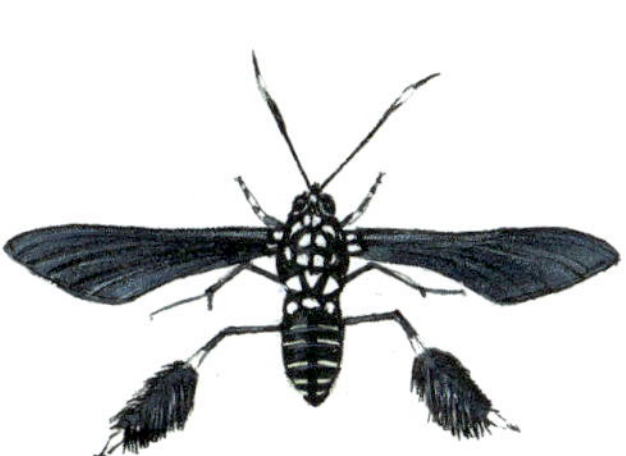

Horama plumipes
Mittelamerika

Horama diffissa
Cuba, Haiti

Horama zapata
Cuba, Bahamas

Horama pennipes
Cuba

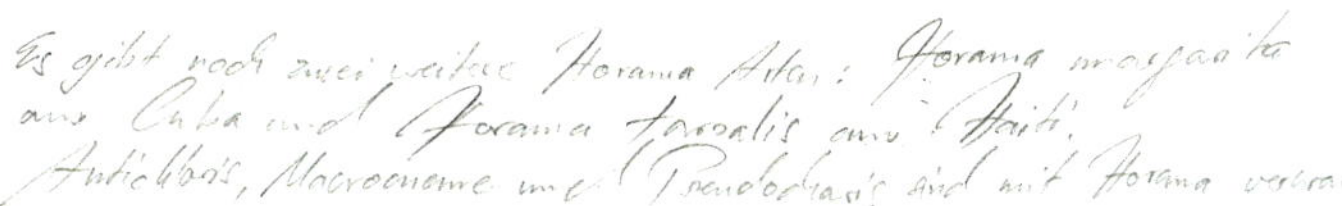

Es gibt noch zwei weitere Horama Arten: Horama margarita aus Cuba und Horama tarsalis aus Haiti.
Antichloris, Macrocneme und Pseudocharis sind mit Horama verwandt.

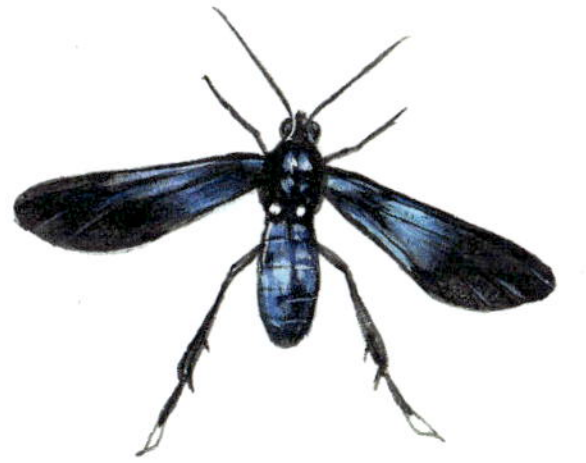

Antichloris viridis
Colorado, Mittelamerika, Venezuela
(Banana Moth)

Macrocneme chrysitis
Texas, Mittelamerika, Brasilien

Pseudocharis minima
Cuba, Jamaica, Florida

J. Brandstetter '97

Vielfalt in der Nacht: die Eulenfalter

Erebidae und Noctuidae

Eine der größten Faltergruppen sind die Eulenfalter, meistens schlicht gefärbte, große und robuste Falter. Nach der aktuellen Systematik, die sich auf morphologische und molekulare Merkmale stützt, gehören die europäischen Eulen zu verschiedenen Familien, den Erebidae und den Noctuidae. Beide werden zusammen einigen anderen Familien in der Überfamilie der Noctuoidea zusammengefasst, die mit rund 70 000 Arten die größte Überfamilie der Schmetterlinge ist. In Europa kommen davon immerhin noch etwa 2000 Arten vor. Allen gemeinsam ist das Tympanalorgan, mit dem die zumeist nachtaktiven Falter Ultraschall und damit die Signale ihrer Hauptfeinde, den Fledermäusen, wahrnehmen können.

EULEN DER LAUBWÄLDER

Eulenfalter kommen in praktisch allen Lebensräumen vor. Zu den Arten, die in Eichen- und Eichenmischwäldern oder in lichten Buchenwäldern fliegen, zählen das **Weiße Ordensband** *(Catephia alchymista)*, die **Rotbuchen-Gelbeule** *(Tiliacea aurago)*, der **Große Kahnspinner** *(Bena bicolorana)*, der **Gelbe Hermelin** *(Trichosea ludifica)*, die **Grüne Eicheneule** *(Griposia aprilina)* und die **Dunkelgrüne Flechteneule** *(Cryphia algae)*. Tagsüber verbergen sie sich in ihrem Habitat und haben zu ihrem Schutz ganz verschiedene Strategien entwickelt.

Der Große Kahnspinner, auch Eichen-Kahneule oder Große Kahneule genannt, ist ein zartgrüner Falter. Mit dieser Färbung, unterbrochen von einer hellen Aderung, die einer Blattnervatur ähnelt, sieht er aus wie ein Blatt. Er fliegt von Ende Mai bis in den August

hinein und legt die gerippten, hellgelben Eier einzeln auf die Oberseite der Blätter verschiedener Laubbäume und Sträucher ab. Die nachtaktiven Raupen überwintern frei an einem Zweig und verpuppen sich im Frühsommer auf einem Blatt. Der feste, kahnförmige Kokon mit einem Kiel auf der Vorderseite hat der ganzen Gruppe der Kahneulchen ihren Namen gegeben. Die Art, die eichenreiche Wälder, Eichenalleen und Einzelgehölze besiedelt, ist in Europa über Vorderasien bis in den Iran weit verbreitet.

Auch die Rotbuchen-Gelbeule tarnt sich als Blatt. Allerdings hält sich der orangebraune Falter nicht im Kronenbereich der Bäume, sondern am Boden zwischen verwelkten Blättern auf. Er fliegt in Buchen- und Mischwäldern, an Waldsäumen und in laubholzreichen Parks vom Spätsommer bis in den Herbst hinein. Wie viele Arten, die spät im Jahr fliegen, überwintert die weit verbreitete Rotbuchen-Gelbeule als Ei. Die jungen Raupen fressen Knospen und Blüten der Bäume, die älteren Baumblätter oder auch Blätter krautiger Pflanzen am Waldboden.

Andere Eulenfalter der Wälder sind mit ihren unscheinbar grau oder grau-weiß marmorierten Vorderflügeln, die sie in Ruhe dicht dachförmig über den Körper legen, auf der Borke von Bäumen praktisch unsichtbar. Das Weiße Ordensband verbringt so die meiste Zeit des Tages. Lediglich wenn es gestört wird, öffnet es die Vorderflügel und die Hinterflügel mit je einem leuchtend weißen Dreieck kommen zum Vorschein. Manch potenziellem Fressfeind wird dadurch eine Schrecksekunde beschert, die der Falter zur Flucht nutzt. Das Weiße Ordensband ist eine wärmeliebende Art und fliegt an sonnigen Säumen von Eichenwäldern, im Mittelmeergebiet auch im Waldesinnern oder in eichenreichen Macchien. Die Raupen sind häufig an jungen Stockausschlägen zu finden – wenn man sie denn findet, denn mit ihren schwachen Einkerbungen und kleinen schwarzen Warzen sehen die dunkelgraubraunen Raupen einem Ast zum Verwechseln ähnlich. Nördlich der Alpen, wo die Art mittlerweile gefährdet ist, fliegt nach der Überwinterung der Puppe nur eine Generation. In wärmeren Gebieten, wie in Nordafrika, Südeuropa und Vorderasien, gibt es zwei Generationen pro Jahr.

Wie das Weiße Ordensband setzt auch der Gelbe Hermelin mit der feinen schwarz-weiß-cremegelben Zickzack-Musterung seiner Vorderflügel auf eine optische Verschmelzung mit der Baumborke, auf der er sich tagsüber aufhält. Der Falter, der in den gemäßigten Gebieten Europas und Asiens heimisch ist, fliegt in zwei Generationen und überwintert als Puppe. Obwohl die polyphagen Raupen an verschiedenen Strauch- und Laubbaumarten fressen, ist der Gelbe Hermelin in Mitteleuropa eine sehr seltene Art, von der es nur noch vereinzelte Vorkommen gibt.

GRÜNGRAUE EULEN AUF GRÜNGRAUEN FLECHTEN

April, April. Der Eulenfalter *Griposia aprilina* fliegt nicht, wie sein wissenschaftlicher Artname vermuten lässt, im April, sondern vom Spätsommer bis in den Oktober hinein. Das Artepitheton *aprilina* nimmt auf die Farbe des frisch geschlüpften Falters Bezug, die an das helle Grün junger Blätter im April erinnert. Allerdings verliert sich das Grün bald, der Falter wird zunehmend heller und etwas grauer. Dann ist er mit seinen schwarzen und weißen Bändern auf hellgrün-grauen Flügeln auf Baumborke kaum noch zu sehen. Sind die Zweige mit Flechten bewachsen, löst sich der Falter vor dem Hintergrund vollends optisch auf: ein weiteres Beispiel für eine perfekte Mimese.

WAS SIND EIGENTLICH FLECHTEN?

Wir kennen diese Organismen als graue, moosähnliche Polster auf Waldböden, als lange Bärte in den Bäumen der montanen Wälder oder als bunte Krusten auf Felsen in den Bergen. Ein Blick durch ein Mikroskop zeigt, dass Flechten aus einem dichten Geflecht von Pilzfäden mit ein- oder wenigzelligen Algen bestehen. Pilz und Alge, zwei unterschiedliche Organismen, haben sich hier zusammengeschlossen und bilden eine höchst erfolgreiche Lebensgemeinschaft, eine Symbiose. Der Pilz bildet eine schützende Hülle um die Alge, nimmt Wasser und Mineralstoffe auf und leitet sie an die Alge weiter. Die Alge produziert dank ihrer Fotosynthese Zucker, die sie zum Teil an den Pilz abgibt. Mit dieser Strategie, verbunden mit einer hohen Austrocknungsresistenz, kann das Doppelgespann aus Pilz und Alge extreme Standorte besiedeln. Dazu gehören kahle, sonnenexponierte Felsen oder Äste und Zweige von Bäumen. Manche Flechten bilden zu bestimmten Jahreszeiten rote oder braune becherförmige Organe, die sogenannten Apothecien, in denen der Pilzpartner seine Sporen bildet. Die Sporen werden durch die Luft ausgebreitet und müssen, damit sie wieder zu einer Flechte wachsen, auf einen Algenpartner treffen. Das ist aber durchaus ungewiss. Deshalb bilden viele Flechten feine Partikel, Soredien beziehungsweise Isidien genannt, in denen Pilzfäden die Alge umschließen. Die Partikel lösen sich von der Mutterflechte ab und werden durch Wind, Wasser oder von Tieren ausgebreitet. Gelangen sie an einen Ort mit geeigneten Umweltbedingungen, wachsen sie zu einer neuen Flechte heran.

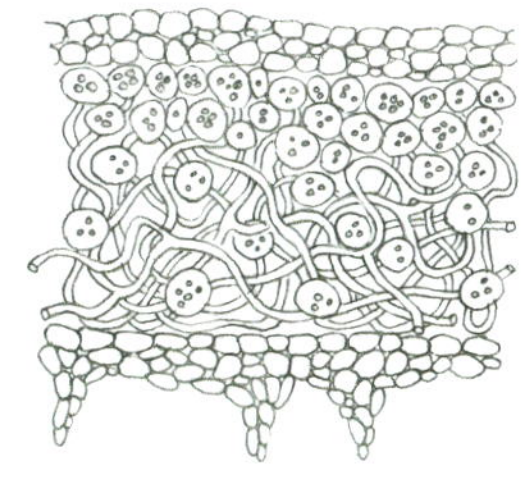

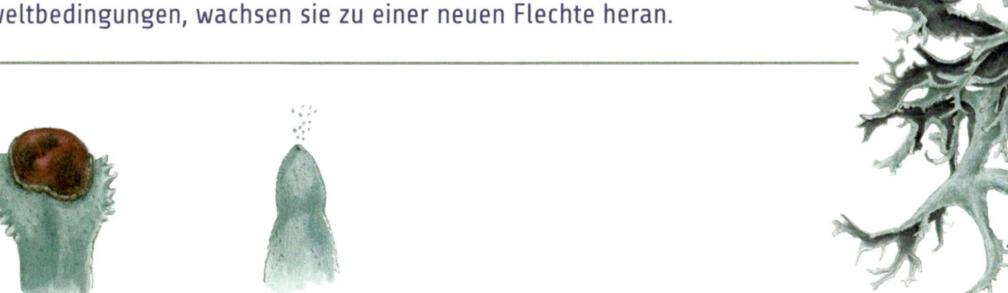

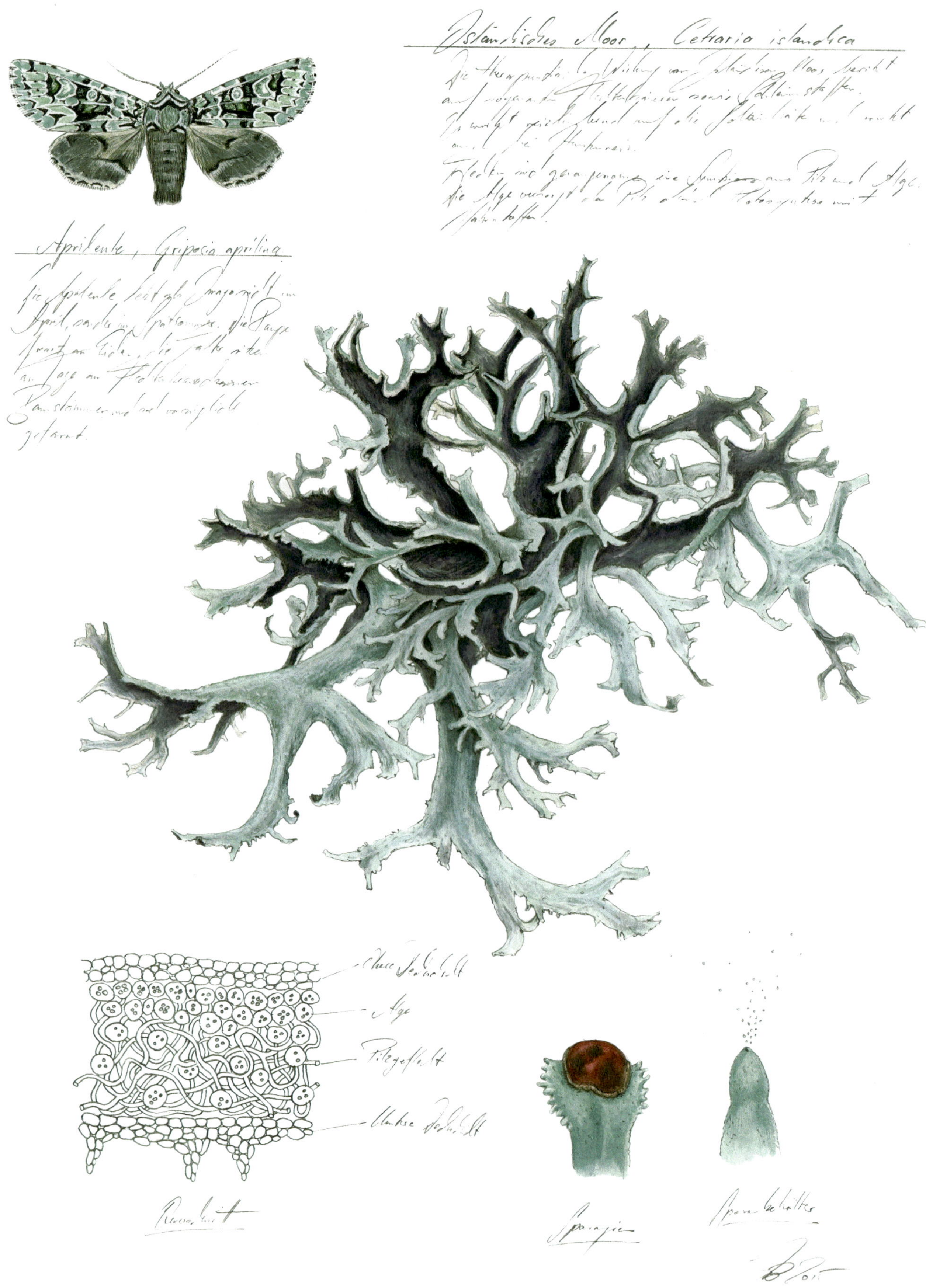

Isländisches Moos, Cetraria islandica
Aprileule, Griposia aprilina
Alge
Pilzgeflecht
Sporenbehälter

Die **Grüne Eicheneule**, wie *Griposia aprilina* mit deutschem Namen heißt, fliegt in lichten Eichenwäldern von der Dämmerung an die ganze Nacht hindurch. Die Weibchen suchen für die Eiablage vorzugsweise Eichen auf und legen ihre halbkugeligen Eier in deren Borkenritzen. Die Eier sind zuerst komplett weiß und dunkeln später nach, wobei ein sternförmiges Muster sichtbar wird. Im Frühjahr schlüpfen die Raupen, bohren sich in Blüten- und Blattknospen hinein und fressen, gut geschützt, diese von innen her auf. Die älteren Raupen leben von jungen Blättern und verstecken sich tagsüber an der Borke. Gegen die spitzen, feinen Schnäbel der Meisen, Kleiber und anderer Singvögel nützt es aber nichts, dass die Raupen mit ihrem grau-braun-schwarzen Rautenmuster aussehen wie kleine Zweige.

Die Grüne Eicheneule wird regional zunehmend seltener. Daran sind aber nicht die Vögel schuld, sondern der Mensch, der dem Falter mit dichten Nadelholz-Monokulturen die Lebensgrundlage nimmt. Es bleibt zu hoffen, dass sich die Bestände nördlich der Alpen mit dem Umbau der Forste in naturnähere Wälder erholen und der Falter in Zukunft wieder häufiger zu beobachten sein wird.

Im Gegensatz zur Grünen Eicheneule sind für die **Dunkelgrüne Flechteneulen** *(Cryphia algae)* Flechten nicht nur als Versteck wichtig. Sie sind neben verschiedenen Algenarten die Nahrungsgrundlage ihrer Raupen. Die Dunkelgrüne Flechteneule ist eine häufige Art, bei der in den letzten Jahren eine Vergrößerung des Areals zu beobachten ist: Bisher war sie aus Südeuropa und dem Nahen Osten bekannt, ihre Nordgrenze erreichte sie im südlichen Mitteleuropa. Seit Mitte des 19. Jahrhunderts wandert sie allmählich weiter nach Norden und hat inzwischen Südengland, Skandinavien und das Baltikum erreicht. Der Falter fliegt von Juni bis September und ruht tagsüber perfekt getarnt auf den Flechten auf der Borke älterer Eichen oder anderer Laubbäume.

EULEN DER AUWÄLDER

Lichte Auwälder sind für zahlreiche Insektenarten ein wertvoller Lebensraum. Auch viele Nachtfalterarten tummeln sich zwischen Weiden und Pappeln, die an wechselnde Wasserstände der Auen angepasst sind. Zu den Nachtfaltern in diesem Lebensraum zählen die **Pilzeule** *(Idia calvaria)*, die **Motteneule** *(Nycteola degenerana)*, auch **Salweiden-Wicklereulchen** genannt, der **Östliche Weidenkarmin** *(Catocala lupina)* und das **Schwarze Ordensband** *(Mormo maura)*. Ihre Raupen fressen vor allem an Weiden oder Pappeln, die der Pilzeule und des Schwarzen Ordensbandes auch gerne an Wiesen-Sauer-Ampfer. Letztere wechseln nach der Überwinterung an die frisch austreibenden Blätter verschiedener

Pilzeule

Motteneule

Schwarzes Ordensband

Laubbäume und -sträucher. Mit dem Wechsel der Nahrungsquelle sind sie ausschließlich nachtaktiv – daran tun sie gut, denn im Frühjahr ist der Hunger ihrer Hauptfeinde, der Vögel, die jetzt ihre Jungen großziehen, besonders groß.

Der Östliche Weidenkarmin ist ein Wanderfalter, der sich deshalb leicht neue Regionen erschließen kann. Sein deutscher wie sein englischer Name *(Rosy Wing)* nehmen auf die leuchtend dunkelroten, schwarz gebänderten Hinterflügel Bezug, die der Falter zur Abschreckung öffnet, wenn er gestört wird. Aufgeschreckt fliegt er, wie alle Ordensbänder, auch tagsüber und verwirrt mit den auffälligen Hinterflügeln den Fressfeind. Kaum setzt er sich ein paar Meter weiter auf einen Stamm, wird er dank seiner «Tarnkappe», den graubraun gemusterten Vorderflügeln, wieder unsichtbar.

Alle diese Eulen, die an Weichholzauen gebunden sind, sind mehr oder weniger stark gefährdete Arten und in einigen Regionen teilweise ausgestorben. Ihre Habitate werden leider immer noch durch Bachregulierungen, Flussbegradigungen und Eindeichungen oder durch die Anlage von Forsten mit wirtschaftlich rentablen Baumarten zerstört. Es bleibt abzuwarten, inwieweit sich die Falterfauna in renaturierten Auen wieder erholen wird.

EULEN DER WALDSÄUME UND HOCHSTAUDENFLUREN

Ein zartes goldgelbes «C» auf kräftig dunkelbraunem Grund hat der Wiesenrauten-Goldeule zu ihrem wissenschaftlichen Artnamen *Lamprotes c-aureum* verholfen. Sie fliegt in kalten und feuchten Au- und Bruchwäldern und an schattigen Waldsäumen entlang von Bächen, Wegrändern und Feuchtwiesen, wo die wichtigste Nahrungspflanze der Raupen, die Akeleiblättrige Wiesenraute, wächst. Zuweilen legt das Weibchen seine Eier auch an der Unterseite der Blätter von Akeleien ab. Die ersten Larvenstadien mit ihrer gekrümmten Haltung sehen eher wie ein Klecks Vogelkot aus. Ältere Raupen sehen mit ihren deutlich eingekerbten grün-weißen Segmenten bizarr aus und sind trotz der Musterung auf der Futterpflanze kaum auszumachen. Sie verpuppen sich in einem Gespinst an der Blattunterseite, seltener auch am Boden.

Die Raupen sind oft von Schlupfwespen parasitiert, deren Larven die Raupen von innen her auffressen. Aber das ist nicht der Grund dafür, dass die Wiesenrauten-Goldeule immer seltener wird. Sie ist durch die Zerstörung ihres Lebensraumes gefährdet und hierzulande sehr selten geworden. In Anbetracht der Klimaveränderungen verdienen ihre letzten kleinflächigen Habitate besonderen Schutz, denn *Lamprotes c-aureum* fliegt nur an ausgesprochen kühlen und schattigen Stellen.

Wiesenrauten-Goldeule
Lamprotes c-aureum (Knoch, 1781)
Akeleiblättrige Wiesenraute
(Thalictrum aquilegiifolium)

EISENHUT
Aconitum napellus
Eisenhut-Goldeule
Polychrysia moneta
Samen
Samenkapsel
Alle Eisenhutarten gehören zu den giftigsten Arten
in ganz Europa. Das Gift wird sogar über die intakte
Haut aufgenommen und löst bei bloßer Berührung
Ausschläge aus. Das Aconitin führt bereits bei
wenigen Gramm zu Herzversagen und Atemstillstand.
Ein Gegenmittel gibt es nicht, das macht die
Pflanze so gefährlich.

Manche Eulen schaffen es bis in unsere Gärten, vorausgesetzt, dort wachsen ihre Nahrungspflanzen. Die **Eisenhut-Goldeule** *(Polychrysia moneta)* ist eine solche Art. Dass sie sich an der giftigsten Pflanzengattung Mitteleuropas gütlich tut, stört sie nicht, im Gegenteil, sie nutzt die hochgiftigen Alkaloide, um selber giftig zu werden. Ihre natürlichen Habitate sind Hochstaudenfluren und feuchte, schattige Waldsäume von der Ebene bis in die alpine Stufe über 2000 Meter. Die von Süd- und Mitteleuropa bis nach Ostasien verbreitete Art ist bei uns selten geworden. Wer an seinen Eisenhutstauden oder auch an Rittersporn und Trollblumen feine Gespinste, welke Blätter und verräterische Fraßspuren entdeckt, sollte genauer hinschauen. Vielleicht hat sich eine Eisenhut-Goldeulen-Raupe ein Versteck aus den Blättern gesponnen. Mit ihren schwarzen Punkten auf grünem Grund und einer hellen, dünnen Seitenlinie ist die junge Raupe gut zu erkennen. Die erwachsene Raupe hat keine Punkte mehr und ist bis auf die Seitenlinie einheitlich hellgrün.

EULEN DER FEUCHT- UND NASSWIESEN

Wie ihre deutschen Namen schon vermuten lassen, fliegen die **Rohrkolbeneule** *(Nonagria typhae)* und die **Röhricht-Goldeule** *(Plusia festucae)* in Röhrichten. Die Rohrkolbeneule ist eine weit verbreitete, anpassungsfähige und ungefährdete Art. Ihre monophagen Raupen leben in den Stängeln von Rohrkolben und fressen von innen die jungen Blätter, deren vertrocknete und vergilbte Enden auf die Präsenz der Larven hinweisen. Die polyphagen Raupen der Röhricht-Goldeule fressen auch an anderen Pflanzen wie dem Rohrkolben, der Sumpf-Schwertlilie oder dem Froschlöffel. Trotz ihres breiten Nahrungsspektrums ist die Art nicht häufig. Noch seltener ist die **Heidekraut-Bunteule** *(Anarta myrtilli)* (siehe Seite 26).

EULEN DER TROCKEN- UND HALBTROCKENRASEN

Viele Eulen sind wunderschön bunt. Man mag es kaum glauben, dass aus einer unscheinbar graubraunen Raupe, die in ihrem trockenen Habitat völlig unauffällig ist, ein so farbenprächtiger Falter wie das **Purpureulchen** *(Eublemma purpurina)* schlüpfen kann. Seine Vorderflügel ziert ein einzigartiger Farbverlauf mit Zackenlinien von zartem Purpur über ein leuchtendes Gelbbraun bis zu einem hellgelben bis weißen Flügelansatz. Der wärmeliebende Falter mit einer Flügelspannweite von zwei bis zweieinhalb Zentimetern sitzt häufig kopfunter in der Vegetation und sieht dann aus wie eine zarte Blüte aus. Er fliegt in zwei Generationen auf Ruderalfluren und in Trocken- und Steppenrasen mit offenem

Boden. Die Raupen fressen vorzugsweise Disteln der Gattungen *Carduus* und *Cirsium* und überwintern, geschützt in kleinen Gespinsten, in den Rosetten der Nahrungspflanzen.

Während die Farbe Grün für Raupen nicht ungewöhnlich ist, gibt es doch vergleichsweise wenige Arten, die sich als Imagines mit dieser Farbe in der Vegetation tarnen. Die **Malachiteule** *(Staurophora celsia)* ist wie die bereits vorgestellte Kahneule (Seite 177) eine von ihnen. Sie fliegt vom Spätsommer bis in den Oktober in lichten sandigen Kiefernwäldern und über Sandmager- und Steppenrasen. Ihre Raupen, die von April bis Juni zu finden sind, leben in Gespinsten an der Basis verschiedener Grasarten. Bei uns ist die Art aufgrund des Umbaus lichter, sandiger Wälder stark gefährdet.

Das bizarre Zickzackmuster der Raupe des **Silbermönches** *(Cucullia argentea)* tarnt die Raupe in ihrer Nahrungspflanze, dem Feld-Beifuß. Die Raupe ist dann von den gleichmäßig mit kleinen Köpfchen besetzten Blütenständen nicht zu unterscheiden. Der hübsche olivgrüne Falter mit silbern glänzenden Flecken auf den Vorderflügeln ist eine typische Art magerer Sandtrockenrasen. Der Silbermönch überwintert als Puppe im Boden, und es ist nicht ungewöhnlich, dass die Puppe nicht im ersten Frühjahr schlüpft, sondern ein- oder zweimal übersommert. Dieses bei verschiedenen Arten bekannte Phänomen ist angesichts der hohen Temperaturen, die in den nur spärlich bewachsenen Sandtrockenrasen im Sommer am Boden erreicht werden, beim Silbermönch besonders beeindruckend. Die mehrfache Übersommerung ist eine Lebensversicherung: Wenn in einem Jahr zum Beispiel aufgrund ungünstiger Witterungsbedingungen oder zahlreicher Fressfeinde die Raupen oder Falter einer Population mehr oder weniger vollständig vernichtet werden, können aus den übersommerten Puppen in den Folgejahren Falter schlüpfen und die Population wieder aufbauen.

Wie der Silbermönch ist auch die weit verbreitete **Kleine** oder **Schmalflügelige Bandeule** *(Noctua orbona)* eine Art trockener, offener Standorte und kommt auf Sandmagerrasen, Halbtrockenrasen, Ruderalfluren und wie auch in lichten Kiefernwäldern vor. Der unscheinbare graubraune Wanderfalter fliegt im Frühsommer, legt dann eine Sommerpause ein und ist schließlich wieder von September und Oktober unterwegs. Die Raupen, die an Gräsern und verschiedenen niedrigen Kräutern fressen, überwintern.

Eine Reihe von Falterarten ist bereits gänzlich ausgestorben. Zu ihnen gehört die **Schwärzliche Erdeule** *(Euxoa lidia)*, die in mageren, sandigen Heiden mit Heidekraut in den Beneluxstaaten, dem nordwestlichen Deutschland und in Dänemark flog. Die wie der Falter nachtaktiven Raupen fraßen an Gräsern und niedrigen Kräutern und verpuppten sich im Frühjahr am Boden. Die Art gehörte zu einem Artkomplex, der während der Kaltzeiten in verschiedenen Refugialgebieten überdauert hat.

J. Brandstetter '97

Wie in den vorherigen Kapiteln immer wieder deutlich wurde, ist der Schutz seltener Arten auf den wenigen verbliebenen, meist kleinen und verinselten Flächen eine enorme Herausforderung für den Naturschutz. Jede Pflanzen- und jede Tierart hat spezifische Ansprüche, und die Bewirtschaftung einer Fläche, die einer Gruppe von Arten nützt, kann anderen schaden. Das Beispiel der gefährdeten **Haarstrangwurzel-** oder **Haarstrangeule** *(Gortyna borelii)* zeigt, wie wichtig die genaue Kenntnis der Biologie und Ökologie einer Art für deren Schutz ist. Die Raupen der Haarstrangeule fressen am Echten Haarstrang, der auf wechselfeuchten Wiesen, luftfeuchten Magerrasen, an trocken-warmen Säumen und auf Steppenrasen wächst. Die Raupen der Haarstrangeule bohren sich nach dem Schlupf in die Stängel der Pflanze. Ungefähr Ende Mai wandern sie in den Wurzelbereich der Pflanze und fressen dort weiter. Befallene Pflanzen fallen durch ihre absterbenden Blätter und ein Häufchen Bohrmehl an der Basis auf. Die Falter schlüpfen im Herbst. Die Weibchen sind wählerisch, was den Eiablageplatz angeht, und suchen nur luftfeuchte, warme und grasreiche Wiesen oder Halbtrockenrasen, auf denen der Echte Haarstrang in sonnigen Lagen wächst. Dort legen sie ihre Eier in Gruppen bis zu 200 Stück an trockene Gräser oder an Stängel des Echten Haarstranges, und zwar im oberen Drittel der Pflanzen. Hier überwintern die Eier und sind vor Bodenfeuchtigkeit und Überschwemmungen gut geschützt. Die Biotopflege von Flächen, auf denen die gefährdete Haarstrangeule noch vorkommt, erfordert besondere Achtsamkeit. Es darf erst dann gemäht oder beweidet werden, wenn die Raupen sich in die Wurzeln der Nahrungspflanzen verkrochen haben. Das ist meistens im Juni der Fall. Bis zur Flugzeit der Falter muss die Wiese wieder hoch genug gewachsen sein. Denn dann benötigen die Weibchen zur Eiablage hochstehende Pflanzen, an denen die Eier trocken überwintern können. Die in Mittel- und Westeuropa vorkommenden Falter der Haarstrangeule gehören zur Unterart *lunata*. Sie ist europaweit streng geschützt, um die wenigen Populationen zu erhalten. Solange aber die derzeitige Landwirtschaftspolitik die Zerstörung der Lebensräume der Haarstrangeule fördert, wird es für die vielen engagierten Biologen und Freiwilligen immer schwieriger, sich erfolgreich für den Schutz dieser und anderer seltenen Arten in unserer Kulturlandschaft einzusetzen.

Inseln werden gerne Freilandlabore der Evolution genannt. Wie bereits am Beispiel der Kleopatra-Falter auf den Kanaren oder von *Mormogystia brandstetteri* auf Sokotra geschildert, schlagen die vom Festland isolierten Pflanzen und Tiere im Laufe der Evolution ihre eigenen Wege ein. Das trifft auch auf Zypern zu, wo in den letzten 20 Jahren einige neue Falterarten gefunden wurden. Eine davon ist ***Agrotis sabine*,** eine unscheinbare Eulenfalterart, die 2008 von Sabine Brandstetter entdeckt wurde. Mit dem geschulten Auge des wissenschaftlichen Zeichners hat Johann Brandstetter gesehen, dass sich die unscheinbare Art in einigen Merkmalen von der im Mittelmeergebiet weit verbreiteten Art *Agrotis catalaunensis* (Synonym *A. syricola*) unterscheidet. Er hat sie als neue Art «*Agrotis sabine*

Agrotis sabine (Beschreibung einer neuen Art aus der Gattung Agrotis)
Atalanta 41 (1/2): 285–288. / Würzburg (2010) ISSN 0171-0079

Johann Brandstetter 2017

2010» gültig beschrieben. *Agrotis sabine* fliegt in zwei Generationen in offenen, trocken-heißen Habitaten von der Meeresküste bis ins Trodos-Gebirge hinauf auf etwa 600 Meter. Die Raupen fressen an verschiedenen Kräutern und Gräsern. Bevor sie sich verpuppen, bilden sie eine sogenannte Präpuppa, das heißt, sie hören auf zu fressen, verpuppen sich aber noch nicht. In diesem Zustand überdauern sie einerseits den nassen und kühlen Winter, andererseits den heißen und trockenen Sommer.

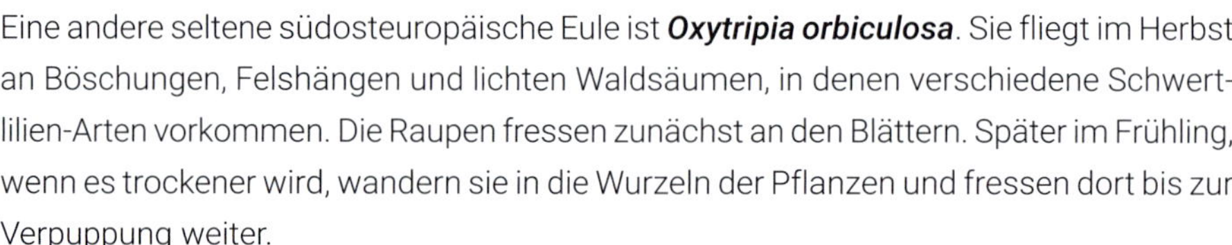

Eine andere seltene südosteuropäische Eule ist ***Oxytripia orbiculosa***. Sie fliegt im Herbst an Böschungen, Felshängen und lichten Waldsäumen, in denen verschiedene Schwertlilien-Arten vorkommen. Die Raupen fressen zunächst an den Blättern. Später im Frühling, wenn es trockener wird, wandern sie in die Wurzeln der Pflanzen und fressen dort bis zur Verpuppung weiter.

HERGEFLOGEN AUS DEM MORGENLAND: EINE EULE DER ÄCKER

Einige Ackerunkräuter wie der Feldrittersporn, der Acker-Steinsame oder das Acker-Adonisröschen gelangten einst zusammen mit Getreidesaatgut aus dem fruchtbaren Halbmond bis in den hohen Norden Europas und sind typische Arten unserer Getreidefelder geworden. Gleiches gilt auch für manche Tierarten wie die **Rittersporn-Sonneneule** *(Periphanes delphinii)*. Sie ist zusammen mit den Unkräutern zu uns gekommen. Die kleine Eule mit einer geschwungenen, lila-pinkfarbenen Zeichnung und einer Flügelspannweite von bis zu dreieinhalb Zentimetern ist in den zentralasiatischen Steppen über Anatolien bis in das westliche Mittelmeergebiet verbreitet und legt ihre Eier an Acker-Feldrittersporn und an Eisenhut-Arten. Als Carl von Linné die Rittersporn-Sonneneule 1758 beschrieb, wurde der Feldrittersporn noch in die Gattung *Delphinium* gestellt, daher gab Linné ihr den Artnamen *delphinii* – also die Sonneneule des *Delphinium*, des Rittersporns.

Periphanes delphinii ist ein wärmeliebender Falter. Er fliegt auf sonnenexponierten Magerrasen, an Böschungen mit schütterer Vegetation und in Weinbergen, wo nahe liegende Äcker oder Ackerbrachen mit Feldrittersporn den Raupen Nahrung geben. Die Art wurde nach 1900 in Mitteleuropa immer seltener und gilt inzwischen als ausgestorben, obwohl der Feldrittersporn zwar zu den gefährdeten, aber noch vergleichsweise weit verbreiteten Ackerunkräutern der heimischen Flora zählt. Seine schwarzen Samen keimen ab März, die ersten Blüten erscheinen meist im Juni und die Früchte reifen ab Juli.

DEUTSCHE SCHWERTLILIE (Iris x germanica)

Feldrittersporn
Consolida regalis
Rittersporn-Eule
Periphanes delphini

NELKEN UND NELKENEULEN (HADENINAE) – EINE BESONDERE LIEBESGESCHICHTE

Nelken mit ihren schönen Blüten und ihrem Duft sind als beliebte Gartenpflanzen aus dem Sortiment der Blumenläden und Gartencenter nicht mehr wegzudenken. Die anspruchslosen Bart-Nelken und Garten-Nelken zieren Steingärten und Blumenrabatten – und nicht nur in den gezüchteten gefüllten Sorten, sondern auch in ihrer schönen, natürlichen Form mit ungefüllten Blüten. Welch ein Glück für einen kleinen Eulenfalter, die **Weißbinden-Nelkeneule** *(Hadena compta)*, der sonst wahrscheinlich wie viele andere seiner Gattungsgenossen in Mitteleuropa vom Aussterben bedroht wäre! Seine Vorliebe für einen ganzen Strauß verschiedener Nelken-Arten sorgt dafür, dass er nicht nur in naturnahen Habitaten wie Trockenrasen, basenreichen Sandmagerrasen oder an lichten, offenen Waldsäumen zu finden ist, sondern die häufig kultivierten Nelken wie die Bart-Nelke oder die Garten-Nelke als Nahrungspflanze nutzen kann. So ist er ein Stück weit in unseren Gärten und Parks heimisch geworden.

EIN BISSCHEN BLÜTENBIOLOGIE

Die Nelkeneulen (Hadenini) sind unscheinbare, stets marmorierte kleine Falter mit einer Flügelspannweite meist um drei bis vier Zentimeter, die im Laufe ihrer Evolution eine besondere Beziehung zu Nelken und Leimkräutern entwickelt haben. Die Blüten dieser Nelkengewächse sind typische Stieltellerblumen: Die Kronblätter formen im unteren Teil der Blüte eine schmale Röhre («Stiel»), an deren Grund sich der Nektar befindet. Der obere Teil der Kronblätter steht mehr oder weniger rechtwinklig nach außen ab und bildet den «Teller». Im unteren Teil ist die Blüte vom röhrig verwachsenen Kelch umschlossen. Die meisten Nelken-Arten blühen erst zum Abend hin auf und verströmen einen intensiven Duft. Damit locken sie nachtaktive Falter an, die im Gegensatz zu kurzrüsseligen Bienen mit ihren langen Rüsseln in der Lage sind, den Nektar am Grund der Kronröhre zu saugen. Ab dem Morgengrauen lässt der Duft der Blüten meistens etwas nach, aber trotzdem werden die Nelken auch tagsüber von vielen Schmetterlingsarten besucht.

Beim Blütenbesuch bleibt an dem behaarten Körper des Falters der Blütenstaub, der Pollen, hängen. Beim Anflug auf die nächste Blüte streift der Falter den Pollen unweigerlich auf der Narbe, dem obersten Teil des Fruchtblattes, ab und bestäubt damit die Blüte. Der Pollen keimt auf der Narbe aus und wächst als Pollenschlauch durch den Griffel hindurch. Gleichzeitig werden im Pollenschlauch die männlichen Gameten gebildet, die zu den Samenanlagen in den Fruchtknoten wandern und die Eizellen befruchten. Aus der befruchteten Eizelle, der Zygote, entwickelt sich nach vielen Zellteilungen der Samen der Pflanze. Ein Pflanzensamen besteht aus dem kleinen pflanzlichen Embryo und dem Nährgewebe, umschlossen von der schützenden Samenschale.

PARASITEN ODER HELFENDE BESTÄUBER?

Zurück zur Weißbinden-Nelkeneule. Die Falter sind tag- und nachtaktiv und besuchen neben den Blüten kultivierter Nelken die Kartäuser-Nelke und im Gebirge die Stein-Nelke. Während die Männchen die Blüten hier und da kurz anfliegen, kann man Weibchen beobachten, die länger an den Blüten verbleiben. Sie suchen einen geeigneten Platz für ihre Eier, die sie zwischen der Kelchröhre und den kleinen Schuppen des Außenkelchs ablegen.

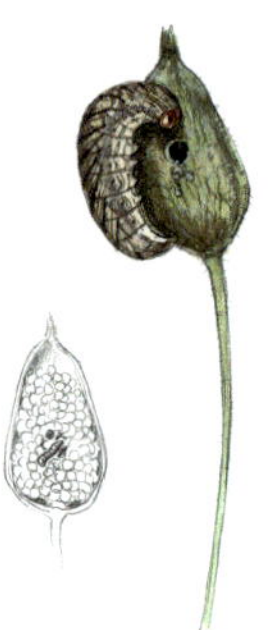

Die frisch geschlüpften Eiraupen fressen sich durch die noch zarte Wand der Kelchröhre und gelangen in den Fruchtknoten, wo sie sich von den nährstoffreichen Samenanlagen und den jungen Samen ernähren. Andere Nelkeneulen legen die Eier direkt in die Blüte hinein. Die jungen Raupen verbleiben in den Blüten beziehungsweise in den unreifen Früchten. Später bohren sie sich durch ein Loch durch die Fruchtwand hinaus nach draußen und verbergen sich während des Tages am Boden. Ältere Raupen fressen nicht nur die Früchte, sondern auch an den Blättern ihrer Nahrungspflanzen und sind zuweilen auch tagsüber unterwegs. Den blütenarmen Hochsommer überdauern die Nelkeneulen als Puppe oder auch Raupe in den reifen Früchten.

Auf den ersten Blick scheint das nicht besonders sinnvoll zu sein – der Bestäuber zerstört die Samen der Pflanzen, die ihm als Falter eine wichtige Nahrungsquelle sind. Er lässt seine Larven Parasiten genau dieser Pflanze sein. Schaut man aber genau hin, stellt man fest, dass dieses im Laufe der Evolution entwickelte System zwischen Bestäubung, Fraß und Fortpflanzungserfolg beider Partner recht genau austariert ist. So legt zum Beispiel die Lichtnelkeneule *(Hadena bicruris)* jeweils nur einmal Eier in die Blüten der Weißen Lichtnelke und in der kommenden Nacht keine neuen hinzu.

Kartäusernelke
Dianthus carthusianorum
Hecatera laudeti
Hadena magnoli
Hadena albimaculata
Hadena luteocincta
Hadena confusa
Hadena perplexa
Hadena compta

Der Falter sorgt mit seiner Bestäubung für einen besseren Samenansatz. Damit garantiert er seiner Brut, die den Samenansatz zum Teil vernichtet, ausreichend Nahrung. In welchem Maße mal der eine und mal der andere Partner profitiert oder ob beide Partner einen Nutzen aus der Lebensgemeinschaft ziehen, ist umstritten und Fragestellung zahlreicher wissenschaftlicher Untersuchungen. Manche Studien kommen zu dem Schluss, dass es sich bei den Nelkeneulen um Parasiten handelt, die ihrem Wirt eindeutigen Schaden zufügen, andere Untersuchungen bewerten die Beziehung der Partner als ausgeglichen. In letzterem Fall läge ein Mutualismus vor.

Tatsache ist aber, dass keiner der Partner von unserem Umgang mit den Lebensräumen dieser überaus spannenden Artengemeinschaften profitiert. Fast alle mitteleuropäischen Nelkeneulen leben auf trockenen, mageren Standorten und sind vor allem im Tiefland gefährdet. Einige Arten sind akut vom Aussterben bedroht, obwohl ihre Nahrungspflanzen noch recht weit verbreitet und regional nicht einmal selten sind. Allerdings sind Nelkeneulen besonders wärmebedürftig und an trockene, ausgesetzte und nur schwach bewirtschaftete Magerrasen gebunden. Zu starke Beweidung, zu viel Tritt und eine Mahd zu einem zu frühen Zeitpunkt schaden den Nelkeneulen, deren junge Raupen sich in den jungen Früchten aufhalten. Werden Magerrasen aufgeforstet oder der Sukzession überlassen, verschwinden mit den Nelken auch die Nelkeneulen. Nelkeneulen-Arten, die an Wegsäumen und Waldrändern leben, leiden unter dem häufigen Mähen von Straßenböschungen und dem Entfernen lichter Gebüsche.

EINE KLEINE AUSWAHL VON NELKENEULEN

Eine anspruchsvolle Art ist ***Enterpia laudeti***, die an heißen, ausgesetzten Felsen und in Steppenheiden lebt und früher zur Gattung *Hadena* gestellt wurde. Die wunderschöne weiße Raupe mit schwarzen Punkten frisst an verschiedenen Gips- und Leimkräutern. Die tag- und nachtaktive Art ist nicht häufig. Ihr Areal reicht von Europa, wo sie inselartig in einigen Regionen vorkommt, bis nach Usbekistan. In den Südalpen ist sie auf inneralpine Trockentäler wie das Susatal im Piemont, das Durancetal in den französischen Haute Alpes sowie das Wallis in der Schweiz beschränkt, wo sie mit stark gefährdeten Vorkommen ihre Nordgrenze erreicht.

Hadena luteocincta fliegt ebenfalls auf heißen, trockenen und felsigen Magerrasen und Heiden im südlichen Europa. Von der Art sind mehrere Unterarten beschrieben worden. Zum Beispiel kommt in Südtirol und am Gardasee die Unterart *morosa* vor, in Südspanien und Südfrankreich die Unterart *luteocincta*.

Etwas weiter nach Norden reicht das Areal der **Südlichen Nelkeneule** *(Hadena magnolii)*. Sie besiedelt felsige Magerrasen und Felsheiden, vorzugsweise auf Kalk, und kommt bis nach Südwestdeutschland vor, wo sie heute nur noch im südlichen Schwarzwald fliegt. Ihre Raupennahrungspflanzen sind das Nickende Leimkraut und die Weiße Lichtnelke.

Das Nickende Leimkraut ist bei vielen anderen Nelkeneulen beliebt, so auch bei der **Weißgefleckten Nelkeneule** *(Hadena albimacula)*. Sie lebt in felsigen, sonnigen Magerrasen, an ausgesetzten Felsköpfen oder in aufgelassenen Steinbrüchen und Kiesgruben. In den südlichen Alpen ist die Art weit verbreitet und häufig, nördlich der Alpen hingegen inzwischen selten und vielerorts ausgestorben. Hier schwinden ihre Lebensräume, die entweder verbuschen, zu früh beweidet oder gemäht werden oder auch – nicht nur diese Nelkeneule fliegt an attraktiven Kletterfelsen – sportlich genutzt werden.

In Mitteleuropa fliegt die Weißgefleckte Nelkeneule in einer Generation zwischen Mai und Juni, im Gebirge bis in den August hinein. Wenn das Nickende Leimkraut verblüht ist, endet auch die Flugzeit des Falters.

Ähnlich selten ist die **Marmorierte Nelkeneule** *(Hadena confusa)*, die nicht nur auf trockenen Kalkmagerrasen mit dem Nickenden Leimkraut fliegt, sondern auch gelegentlich am Rand von Hochmooren beobachtet werden kann und dort ihre Eier in die Blüten der Kuckucks-Lichtnelke legt. Ihre braune Raupe hat ein charakteristisches Zopfmuster, das zur optischen Auflösung in der trockenen Vegetation beiträgt.

Die **Leimkraut-Nelkeneule** *(Hadena perplexa)*, ebenfalls eine Art trockener Kalkmagerrasen, fliegt in Mitteleuropa in einer Generation und legt die Eier zunächst an das Nickende Leimkraut und später im Jahreslauf an das Gewöhnliche Leimkraut. Im Süden ihres Verbreitungsgebietes, das sich vom nordwestlichen Afrika bis nach Sibirien erstreckt, fliegt sie in bis zu drei Generationen und legt ihre Eier an verschiedene Nelken-Arten.

SELTENE FALTER IN KARGER LANDSCHAFT: *HADJINA WICHTI* UND ANDERE SÜDSPANIER

Südspanien ist ein Sonnenparadies. Sonne pur von Juni bis Oktober. An den dürren und sommers scheinbar vertrockneten und leblosen Küstengebieten Andalusiens, Murcias und Valencias finden sich deshalb heute kilometerlang Bettenburgen.

Wärme und Sonne haben in Südspanien eine lange Tradition. Im Gegensatz zu den meisten Regionen Europas ist der südwestliche Zipfel des Kontinents vom Frost der Kaltzeiten weitgehend verschont geblieben. Heute gehören einige Regionen in Andalusien und Murcia mit Niederschlagsmengen um 300 Millimeter oder darunter und Sommertemperaturen, die im Landesinnern durchaus 40 Grad Celsius erreichen können, zu den trockensten und heißesten von ganz Europa. Hier überlebten nicht nur Tier- und Pflanzenarten des Tertiärs, also des Erdzeitalters, das vor rund zweieinhalb Millionen Jahren endete. Hier konnten auch Arten vor den Kaltzeiten, die zu dieser Zeit begannen, Zuflucht finden. Zusätzlich gelangten Tier- und Pflanzenarten aus nordafrikanischen Gegenden in das Gebiet, als sich dort die Sahara bildete. So ist im Laufe der Zeit die Flora und Fauna im Süden Spaniens sehr artenreich und einzigartig geworden. Sie weist einen besonders hohen Anteil endemischer Arten, die nur hier vorkommen, auf.

In den sommerdürren, trocken-heißen Gebieten wachsen artenreiche dornige Ginstergebüsche, Rosmarinheiden und Thymianfluren, deren Arten sich mit Dornen oder ätherischen Ölen gegen den Fraß der allgegenwärtigen Schafe und Ziegen zu wehren versuchen. Besonders karg, aber auch besonders endemitenreich sind die Halbwüsten und die Pflanzengesellschaften, die auf salzbeeinflussten Böden in Meeresnähe oder an Salzseen wachsen oder die gipshaltige Böden besiedeln.

In diesen kargen Lebensräumen fliegt einer der seltensten Falter Europas, ***Hadjina wichti***, ein Eulenfalter mit zweieinhalb bis dreieinhalb Zentimetern Flügelspannweite. Über diese Art, für die es keinen deutschen Namen gibt, ist sehr wenig bekannt. Sie fliegt in zwei Generationen im Frühjahr und im Spätherbst auf extremen Trockenstandorten und in lichten Kermes-Eichenwäldern mit Aleppo-Kiefern. Die Falter des Frühjahrs sind größer als die des Herbstes, vielleicht, weil das Nahrungsangebot in den feuchten Wintermonaten reichhaltiger ist. Die Nahrungspflanzen der Raupen sind unbekannt. In der Zucht kann man sie sehr gut mit dem Gewöhnlichen Meerträubel füttern.

Trockenstandorte werden häufig als öde, wüst und nutzlos angesehen. Sie werden bebaut oder mit viel Bewässerung und Düngung für die Landwirtschaft urbar gemacht. Das ist in Spanien nicht anders als in Mitteleuropa. Deshalb sind die Vorkommen von

Meerträubel (Ephedra nebrodensis)

Hadjina wichti, von der nur rund ein Dutzend Fundorte bekannt sind, stark gefährdet. Der immer noch anhaltende Bauboom an den Küsten, ehrgeizige Programme zur Bewässerung trockener Gebiete zwecks Gewinnung von Weideland oder Flächen für den Obstanbau – gefördert von der EU – oder die Anlage von Mülldeponien kommen den letzten Populationen des seltenen Falters gefährlich nahe. Lokale Brände, die nach den heißen Sommern natürlich aufflammen oder absichtlich gelegt werden, können für kleine Faltervorkommen das Aus bedeuten.

Erfreulicherweise konnten jüngst zwei neue Populationen in Andalusien nachgewiesen werden, die im Gegensatz zu den anderen Vorkommen in Schutzgebieten fliegen. Hoffentlich ist hier *Hadjina wichti* weniger gefährdet. Und hoffentlich werden die zum Schutz der Art dringend notwendigen Feldstudien finanziert und durchgeführt – und zwar bald, solange die Falter noch fliegen. In ein paar Jahren kann es zu spät sein.

Das gilt auch für eine Vielzahl weiterer und ähnlich seltener Falter dieser Region. Zu ihnen zählt der Trägspinner ***Albarracina warionis*** (Lymantriinae, Erebidae), der in Nordafrika in der Unterart *warionis* weit verbreitet ist. In Europa ist er mit der Unterart *korbi* auf einige wenige Regionen in Spanien begrenzt. Anders als bei *Hadjina wichti* ist von diesem Falter die Nahrungspflanze sicher bekannt. Es ist das Nebroden-Meerträubel, eine Verwandte der in der Zucht von *Hadjina wichti* genutzten Futterpflanze.

LEBENDE FOSSILIEN

Meerträubel sind ungewöhnliche Pflanzen. Es sind schachtelhalmähnliche Rutensträucher mit aufrecht verzweigten Ästen und kleinen Schuppenblättern. Sie sind aber nicht mit Schachtelhalmen verwandt, sondern gehören zu einer sehr alten, isolierten Pflanzengruppe, die bereits aus der Kreidezeit fossil belegt ist. Aktuelle Studien, die auf molekularen Merkmalen beruhen, stellen diese Gruppe in den Verwandtschaftskreis der Koniferen, also unserer Nadelbäume. *Ephedra*-Arten sind giftig und enthalten die Alkaloide Ephedrin oder Pseudoephedrin. Die unscheinbaren und fast immer eingeschlechtigen Blüten der Meerträubel sind in kleinen Zapfen zu finden. Die Samen werden zur Reifezeit häufig von fleischigen und leuchtend roten Hochblättern umhüllt. Hierbei handelt es sich nicht um Beeren, sie erfüllen aber genau die gleiche Funktion: Vögel fressen den fleischigen Zapfen und die Samen gleich mit. Die Samen wandern unbeschadet durch den Magen-Darm-Trakt des Vogels, der ihn – versehen mit einem Häufchen Dünger als «Starterpack» – wieder ausscheidet.
Meerträubel sind sehr lichtbedürftig, konkurrenzschwach und werden in dichter Vegetation von anderen Pflanzen schnell überwuchert. Sie können sich auf Dauer nur dort etablieren, wo sich kaum andere Pflanzen halten können: Sie wachsen in Dünen, Halbwüsten und auf sonnenexponierten Felsen. Und genau dort sind diese immergrünen Arten ein wertvolles Futter für verschiedene Raupenarten.

MEERTRÄUBEL ALS NAHRUNGSPFLANZE

Es gibt in Europa nur wenige Schmetterlingsraupen, die an den harten, alkaloidhaltigen Stängeln der Meerträubel-Arten fressen. Zu ihnen gehören weitere Schmetterlingsraritäten Südspaniens: die endemische ***Phaselia algiricaria***, eine Spanner-Art, und ***Ypsolopha trichonella***, die in Süd- und Südosteuropa bis nach Zentralasien heimisch ist und die zu der kleinen Familie der Ypsolophidae gehört. Über beide Arten ist nur wenig bekannt.

Auch die Raupen von ***Orgyia dubia*** werden an Meerträubeln, aber auch an einer Vielzahl anderer Pflanzen gefunden. Angesichts der Tatsache, dass die flügellosen Weibchen dieser Trägspinner-Art keine speziellen Nahrungspflanzen für die Eiablage aufsuchen können, ist das nicht verwunderlich. Die extrem langhaarigen Raupen werden wie die der bereits erwähnten *Orgyia recens* (Seite 152) mit dem Wind ausgebreitet und müssen mit dem Futter vorliebnehmen, das dort wächst, wohin der Wind sie trägt. *Orgyia dubia* kommt in vielen Formen, die teils als Unterarten, teil als eigene Arten beschrieben wurden, von Nordafrika über den Vorderen Orient bis nach Zentralasien vor. In Europa ist sie lediglich aus den trocken-heißen Regionen Südspaniens bekannt.

Schmetterlings-doppelgänger: Schmetterlingshafte und Fadenhafte

Libellen-Schmetterlingshaft
Libelloides coccajus
Östlicher Schmetterlingshaft
Libelloides macaronius
Larve

Fliegt ein Insekt mit breiten gelben und schwarz gemusterten Flügeln rasch vorbei, werden wir auf den ersten Blick gleich an einen Schmetterling denken. Wer sich den schnellen Flieger, der sich an einen Grashalm gesetzt hat, genauer betrachten möchte, bekommt ein Problem – das Tier weicht auf die abgewandte Seite des Stängels aus und versucht, sich zu verbergen. So ganz klappt das nicht, denn trotz der angelegten Flügel kann sich das zarte Insekt nicht hinter einem Grashalm verstecken. Sichtbar bleiben stets der gedrungene Körper und die langen, am Ende keulig verdickten Fühler. Und beim genauen Hinschauen lässt sich dann feststellen, dass der vermeintliche Schmetterling keinen Rüssel hat, sondern kräftige, beißend-kauende Mundwerkzeuge. Es handelt sich um einen Schmetterlingshaft, der tagsüber und in der Dämmerung unterwegs ist. Sie jagen und fressen kleinere Insekten im Flug. Die Larven, die einmal überwintern, sehen Ameisenlöwen ähnlich. Sie leben ebenfalls räuberisch, bauen aber im Gegensatz zu Ameisenlöwen keinen Trichter, sondern jagen im Wurzelbereich von Bäumen und Sträuchern. In Mitteleuropa kommen nur zwei Schmetterlingshafte vor, der Östliche Schmetterlingshaft *(Libelloides macaronius)* und der Libellen-Schmetterlingshaft *(Libelloides coccajus)*. Beide Arten fliegen nur bei Sonnenschein. Sobald eine Wolke aufzieht, lassen sie sich umgehend mit eng angelegten Flügeln in der Vegetation nieder und sind dann nur schwierig zu finden. Es sind wärmeliebende Tiere mit einer Flügelspannweite um fünf Zentimeter, die auf verbuschten Wiesen, auf Geröllhalden und auf großen Lichtungen vorkommen.

Um eine andere schmetterlingsähnliche Insektengruppe, die Fadenhafte, kennenzulernen, muss man in den Süden Europas fahren. Der Fadenhaft *Nemoptera bipennis* fliegt in Spanien und Portugal, *N. sinuata* in Griechenland, Bulgarien und der Türkei. Fadenhafte leben in trockenen Grasfluren, Macchien und lichten Wäldern. Ihre Larven, die wie die der Schmetterlingshafte einmal überwintern, ernähren sich räuberisch von Ameisenbrut. Die Imagines, deren Hinterflügel fadenförmig lang ausgezogen sind, sind Vegetarier und fressen Pollen. Sie fliegen kurze Strecken in niedriger Höhe über dem Boden.

Schmetterlingshafte (Ascalaphidae) und Fadenhafte (Nemopteridae) gehören zu der Ordnung der Netzflügler (Neuroptera), einer vergleichsweise kleinen Insektenordnung mit rund 6000 Arten. Bekanntere Netzflügler sind die Ameisenjungfern, deren Larven als Ameisenlöwen leben, und die Florfliegen, deren Larven im biologischen Pflanzenschutz als Nützlinge gegen Blattläuse eingesetzt werden.

Fadenhaft
Nemoptera sinuata (Olivier, 1811)
FADENHAFTE
Nemopteridae
Systematik:
- Josandreva sazi
- Lertha ledereri
- Lertha sofiae
- Nemoptera bipennis
- Nemoptera coa
- Nemoptera sinuata
- Pterocrose capillaris
Larve von Crocinae
Die Fadenhafte gehören zur
Ordnung der Netzflügler, wie
die Ameisenjungfern, oder die
heimische Florfliege. Es gibt ca.
150 Arten; in Europa sind
lediglich sieben Arten heimisch.
Nemoptera bipennis aus Spanien

Raupen und Schmetterlinge – Nahrung für zahlreiche Tiere

Östliche Smaragdeidechse (Lacerta viridis)
♀
♂
Westliche Smaragdeidechse (L. bilineata)
Östliche Smaragdeidechse (L. viridis)
Feinde: Schlangen, Greifvögel, Hauskatzen, Füchse usw.
Verbreitungskarte

Zu guter Letzt noch ein paar Worte zu den Feinden der Schmetterlinge. Vom Ei bis zum Falter dienen Schmetterlinge anderen Tieren als Nahrung. Wie bereits geschildert, sind Raupen und Falter eine wesentliche Nahrungsgrundlage für zahlreiche Vogel- und Fledermausarten. Andere Wirbeltiere, auf deren Speiseplan Raupen und Falter stehen, sind Geckos und Eidechsen, zum Beispiel die wunderschön gefärbten und kräftigen Smaragdeidechsen der Gattung *Lacerta*. Zahlreiche Falter lassen in Spinnennetzen ihr Leben oder werden als Raupe von jagenden Spinnen erbeutet. Räuberische Käfer fressen Eier und Raupen.

Nicht nur viele Schmetterlinge sind Meister der Tarnung. Auch mancher ihrer Feinde lauert praktisch unsichtbar auf seine Beute. Wenn die *Empusa pennata,* eine mediterrane Gottesanbeterin, in einem Lavendel auf Beute wartet, ist sie kaum zu entdecken: Ihre Farben sind identisch mit denen des Lavendels, und die Segmente ihres Hinterleibs ähneln einem Blüten- oder Fruchtstand. Auf diese Weise selbst gut vor Fressfeinden geschützt, wartet *Empusa pennata* zuweilen stundenlang auf ihre vorbeifliegende Beute, die sie geschickt mit ihren Vorderbeinen fängt.

Fangschrecken sind Insekten, die in ihrem Entwicklungszyklus kein Puppenstadium haben. Ihre Jungtiere sehen aus wie die erwachsenen Tiere, sind aber je nach Alter deutlich kleiner und häufig auch anders gefärbt. Die Jungtiere von *Empusa pennata* sind unscheinbar braun und im mediterranen Sommer nicht auffälliger als die adulten, also erwachsenen Tiere.

Eine große Rolle bei der Dezimierung von Raupen spielt eine sehr unscheinbare Insektengruppe, die Schlupfwespen. Es sind zumeist winzige Insekten, die ihre Eier in Schmetterlingseier oder Raupen legen. Die Schlupfwespenlarve ernährt sich vom Ei beziehungsweise der Raupe und tötet sie schließlich. Schlupfwespen werden daher erfolgreich als biologische Schädlingsbekämpfer eingesetzt und haben sich inzwischen auch im Haushalt als zuverlässige Schutzgarde für Wollpullover wie für Lebensmittelvorräte bewährt.

Raupenfliegen haben ebenfalls Larven, die sich in Raupen entwickeln und töten. Doch Raupenfliegenlarven werden selbst zum Opfer: Es gibt Erzwespen, deren Larven sich durch die Raupenhaut bohren und sich von den Raupenfliegenlarven ernähren.

HAUBENFANGSCHRECKE
Empusa pennata
♀
♂
Larve
Adultes Weibchen

Anhang

DANKSAGUNG

Unser Dank gilt insbesondere Walter Sage für die kritische Durchsicht des Manuskriptes. Der Illustrator dankt Prof. Dr. Josef H. Reichholf für viele inspirierende Gespräche und seiner Frau Sabine Brandstetter für die vielen kreativen Impulse.
Auf vielen Exkursionen hat Prof. Dr. Ekkehardt Wachmann die Autorin mit seiner Begeisterung für die Vielfalt der Insekten angesteckt. Dafür dankt sie ihm von Herzen, genauso wie ihren Eltern, die sie die Achtsamkeit vor der Natur und die Beobachtung von Pflanzen und Tieren gelehrt haben.
Schließlich möchten wir dem Verlag für die großzügige Ausstattung des Buches und den Lektorinnen, Regine Balmer und Gabriela Bortot, für ihre Geduld in der Abschlussphase dieses Projektes danken.

LITERATUR

Die Fülle an Literatur über europäische Schmetterlinge ist nahezu unüberschaubar. Für die Recherchen zu diesem Buch wurde neben zahlreichen wissenschaftlichen Zeitschriftenartikeln, die an dieser Stelle nicht im Einzelnen aufgeführt werden können, eine Reihe von aktuellen Büchern genutzt. Folgende Titel können wir allen, die sich mit Schmetterlingen eingehender beschäftigen möchten, wärmstens empfehlen:

Borth, R., Ivinskis, P., Saldaitis, A. & Yakovlev, R. (2011): *Cossidae of the Socotra Archipelago (Yemen).* – ZooKeys 122: 45–69.

Brandstetter, J. (2010): *Beschreibung einer neuen Art der Gattung Agrotis Ochsenheimer, 1816 aus Zypern (Lepidoptera, Noctuidae).* – Atalanta 41 (1/2): 285–288, Würzburg.

Bräu, M. et al. (2013): *Tagfalter in Bayern.* Hrsg. Arbeitsgemeinschaft Bayrischer Entomologen e. V. und Bayrisches Landesamt für Umwelt. 780 Seiten. Stuttgart: Ulmer.

Ebert, G. & Rennwald, E. [Hrsg.] (1991 a): *Die Schmetterlinge Baden-Württembergs. Band 1. Tagfalter I.* – 552 Seiten. Stuttgart: Ulmer.

Ebert, G. & Rennwald, E. [Hrsg.] (1991 b): *Die Schmetterlinge Baden-Württembergs. Band 2. Tagfalter II.* – 535 Seiten. Stuttgart: Ulmer.

Ebert, G. [Hrsg.] (1994 a): *Die Schmetterlinge Baden-Württembergs. Band 3: Nachtfalter I.* – 518 Seiten. Stuttgart: Ulmer.

Ebert, G. [Hrsg.] (1994 b): *Die Schmetterlinge Baden-Württembergs. Band 4: Nachtfalter II.* – 535 Seiten. Stuttgart: Ulmer.

Ebert, G. [Hrsg.] (1997 a): *Die Schmetterlinge Baden-Württembergs. Band 5: Nachtfalter III.* – 575 Seiten. Stuttgart: Ulmer.

Ebert, G. [Hrsg.] (1997 b): *Die Schmetterlinge Baden-Württembergs. Band 6: Nachtfalter IV.* – 622 Seiten. Stuttgart: Ulmer.

Ebert, G. [Hrsg.] (1998): *Die Schmetterlinge Baden-Württembergs. Band 7: Nachtfalter V.* – 582 Seiten. Stuttgart: Ulmer.

Ebert, G. [Hrsg.] (2001): *Die Schmetterlinge Baden-Württembergs. Band 8: Nachtfalter VI.* – 541 Seiten. Stuttgart (Ulmer).

Ebert, G. [Hrsg.] (2003): *Die Schmetterlinge Baden-Württembergs. Band 9: Nachtfalter VII.* – 609 Seiten. Stuttgart: Ulmer.

Ebert, G. [Hrsg.] (2005): *Die Schmetterlinge Baden-Württembergs. Band 10: Ergänzungsband.* – 426 Seiten. Stuttgart: Ulmer.

Gelbrecht, J., et al. (2016): *Die Tagfalter von Brandenburg und Berlin (Lepidoptera: Rhopalocera und Hesperiidae).* Naturschutz und Landschaftspflege in Brandenburg 25 (3, 4). 327 Seiten. Potsdam: Landesamt für Umwelt (LfU).

Pro Natura – Schweizerischer Bund für Naturschutz [Hrsg.] (1997): *Schmetterlinge und ihre Lebensräume. Arten – Gefährdung – Schutz. Schweiz und angrenzende Gebiete. Band 2: Hesperiidae (Dickkopffalter), Psychidae (Sackträger), Heterogynidae (Federwidderchen), Zygaenidae (Rot- und Grünwidderchen), Syntomidae (Scheinwidderchen), Limacodidae (Schneckenspinner), Drepanidae (Sichelflügler), Thyatiridae (Wollrückenspinner), Sphingidae (Schwärmer).* – XI + 679 Seiten. Egg/ZH: Fotorotar AG.

Pro Natura – Schweizerischer Bund für Naturschutz [Hrsg.] (2000): *Schmetterlinge und ihre Lebensräume. Arten – Gefährdung – Schutz. Schweiz und angrenzende Gebiete. Band 3: Hepialidae (Wurzelbohrer), Cossidae (Holzbohrer), Sesiidae (Glasflügler), Thyrididae (Fensterschwärmer), Lasiocampidae (Glucken), Lemoniidae (Wiesenspinner), Endromidae (Frühlingsspinner), Saturniidae (Pfauenspinner), Bombycidae (Seidenspinner), Notodontidae (Zahnspinner), Thaumetopoeidae (Prozessionsspinner), Dilobidae (Blaukopf-Eulenspinner), Lymantriidae (Trägspinner), Arctiidae (Bärenspinner).* – XI + 914 Seiten. Egg/ZH: Fotorotar AG.

Schweizerischer Bund für Naturschutz [Hrsg.] (1987): *Tagfalter und ihre Lebensräume. Band 1: Arten – Gefährdung – Schutz.* – XI + 516 Seiten. Egg/ZH: Fotorotar AG.

Weidemann, H.-J. (1995): *Tagfalter. Beobachten, bestimmen*. 649 Seiten. Augsburg: Naturbuch-Verlag.

Die Nomenklatur, also die Benennung der im Text genannten Falterarten, richtet sich nach dem Internetportal «Lepiforum: Bestimmung von Schmetterlingen (Lepidoptera) und ihren Präimaginalstadien», www.lepiforum.de (Stand Mai 2019), das wie die Seite www.pyrgus.de (Wagner, W.) eine Fülle von Informationen über alle Aspekte der Schmetterlingskunde in Europa bereithält und laufend aktualisiert wird.

SYSTEMATIK DER BEHANDELTEN ARTEN

HEPIALOIDEA

Hepialidae / Wurzelbohrer

Hepialus humuli, Hopfen-Wurzelbohrer
Korscheltellus fusconebulosa, Adlerfarn-Wurzelbohrer
Triodia sylvina, Ampfer-Wurzelbohrer

TINEOIDEA

Psychidae / Echte Sackträger

Pachythelia villosella, Zottiger Sackträger

YPONOMEUTOIDEA

Ypsolophidae

Ypsolopha trichonella

COSSOIDEA

Cossidae / Holzbohrer

Cossus cossus, Weidenbohrer
Mormogystia brandstetteri
Phragmataecia castaneae, Rohr- oder Schilfbohrer
Stygia australis
Zeuzera pyrina, Blausieb

Sesiidae / Glasflügler

Bembecia ichneumoniformis, Schlupfwespen- oder Hornklee-Glasflügler
Eusphecia melanocephala, Zitterpappel-Glasflügler
Paranthrene tabaniformis, Bremsen-Glasflügler oder Kleiner Pappel-Glasflügler
Pyropteron chrysidiformis, Roter Ampfer-Glasflügler
Sesia apiformis, Hornissen-Glasflügler
Synanthedon culiciformis, Roter oder Kleiner Birken-Glasflügler
Synanthedon scoliaeformis, Großer Birken-Glasflügler

ZYGAENOIDEA

Limacodidae / Asselspinner

Apoda limacodes, Großer Schneckenspinner

Zygaenidae / Blutströpfchen, Widderchen

Adscita mannii, Manns Grünwidderchen
Zygaena carniolica, Krainisches, Weißrandiges oder Esparsetten-Widderchen
Zygaena ephialtes, Veränderliches Widderchen
Zygaena erythrus, Mannstreu-Widderchen
Zygaena exulans, Hochalpen-Widderchen
Zygaena osterodensis, Nördliches Platterbsen-Widderchen

THYRIDOIDEA

Thyrididae / Fensterfleckchen

Thyris fenestrella, Fensterschwärmerchen

PAPILIONOIDEA

Papilionidae / Ritterfalter

Iphiclides podalirius, Segelfalter
Mimoides pausanias subsp. *pausanias*
Papilio machaon, Schwalbenschwanz
Parnassius apollo, Apollo
Parnassius phoebus, Hochalpen-Apollo
Zerynthia polyxena, Osterluzeifalter

Hesperidae / Dickkopffalter

Carcharodus alceae, Malven-Dickkopf
Hesperia comma, Kommafalter
Pyrgus sidae, Gelber Würfeldickkopf oder Graubrauner Dickkopffalter
Thymelicus lineola, Schwarzkolbiger Braun-Dickkopffalter

Pieridae / Weißlinge

Anthocharis cardamines, Aurorafalter
Aporia crataegi, Baum-Weißling
Colias erate, Östlicher oder Steppen-Gelbling
Colias hecla, Grönländischer Gelbling
Colias myrmidone, Regensburger Gelbling oder Orangeroter Heufalter
Colias palaeno, Hochmoor-Gelbling
Colias phicomone, Alpen-Gelbling

Colias tyche, Nordischer Gelbling
Gonepteryx cleobule Teneriffa-Kleopatra-Falter
Gonepteryx eversi, La Gomera-Kleopatra-Falter
Gonepteryx palmae, La Palma-Kleopatra-Falter
Gonepteryx rhamni, Zitronenfalter
Pieris bryoniae, Berg-Weißling

Lycaenidae / Bläulinge

Agriades optilete, Hochmoor-Bläuling
Aricia agestis, Kleiner Sonnenröschen-Bläuling
Aricia artaxerxes, Großer Sonnenröschen-Bläuling
Callophrys rubi, Grüner oder Brombeer-Zipfelfalter
Favonius quercus, Blauer Eichen-Zipfelfalter
Lycaena dispar, Großer Feuerfalter
Lycaena helle, Blauschillernder Feuerfalter
Lysandra bellargus, Himmelblauer Bläuling
Lysandra coridon, Silbergrüner oder Silber-Bläuling
Phengaris arion, Schwarzgefleckter Bläuling
Phengaris nausithous, Dunkler Wiesenknopf-Ameisenbläuling
Phengaris teleius, Heller Wiesenknopf-Ameisenbläuling
Plebejus argus, Geißklee- oder Argus-Bläuling
Polyommatus icarus, Gewöhnlicher oder Hauhechel-Bläuling
Thecla betulae, Nierenfleck-Zipfelfalter

Nymphalidae / Edelfalter

Danainae

Danaus plexippus, Monarchfalter

Charaxinae

Agrias aedon
Charaxes jasius, Erdbeerbaumfalter

Satyrinae / Augenfalter

Brintesia circe, Weißer Waldportier
Chazara briseis, Berghexe
Cithaerias aurorina
Coenonympha oedippus, Moor- oder Stromtal-Wiesenvögelchen
Erebia montana, Marmorierter oder Alpen-Mohrenfalter
Erebia pandrose, Graubrauner Mohrenfalter
Erebia pluto, Eis-Mohrenfalter
Hipparchia statilinus, Eisenfarbiger Samtfalter
Melanargia galathea, Schachbrett
Melanargia occitanica, Braunadern-Schachbrett
Minois dryas, Blaukernauge, Blauäugiger Waldportier, Blauauge oder Riedteufel
Oeneis glacialis, Gletscherfalter
Oeneis norna, Brauner Tundrasamtfalter
Pyronia tithonus, Rostbraunes Ochsenauge

Heliconiinae

Boloria aquilonaris, Hochmoor-Perlmutterfalter, Hochmoor-Perlmuttfalter
Boloria improba, Düsterer Tundra-Scheckenfalter
Heliconius sara subsp. *sprucei*
Heliconius wallacei subsp. *flavenscens*
Issoria lathonia, Kleiner Perlmutterfalter, Kleiner Perlmuttfalter
Laparus doris subsp. *doris*
Laparus doris subsp. *transiens*

Limenitidinae

Limenitis populi, Großer Eisvogel

Apaturinae

Apatura ilia, Kleiner Schillerfalter
Apatura iris, Großer Schillerfalter

Nymphalinae

Aglais io, Tagpfauenauge
Euphydryas maturna, Kleiner Maivogel
Lasiommata megera, Mauerfuchs
Melitaea diamina, Baldrian-Scheckenfalter
Melitaea didyma, Roter Scheckenfalter
Nymphalis antiopa, Trauermantel
Vanessa atalanta, Admiral

Morphinae

Morpho aega
Morpho cypris

Riodinidae

Semomesia croesus

PYRALOIDEA

Crambidae / Rüsselzünsler

Elophila nymphaeata, Laichkraut- oder Seerosenzünsler
Ostrinia nubilalis, Maiszünsler

DREPANOIDEA

Drepanidae / Sichelflügler, Eulenspinner

Sabra harpagula, Linden-Sichelflügler
Thyatira batis, Roseneule

LASIOCAMPOIDEA

Lasiocampidae / Glucken

Odonestis pruni, Pflaumenglucke
Phyllodesma ilicifolia, Weiden- oder Blaubeerglucke
Psilogaster loti

BOMBYCOIDEA

Brahmaeidae / Wiesenspinner und Brahmaea-spinner

Lemonia dumi, Brauner Wiesenspinner

Endromidae / Birkenspinner

Endromis versicolora, Birkenspinner

Saturniidae / Pfauenspinner

Actias isabellae, Isabellaspinner
Actias selene, Indischer Mondspinner
Aglia tau, Nagelfleck
Saturnia pavonia, Kleines Nachtpfauenauge

Bombycidae / Seidenspinner

Bombyx mori, Maulbeerspinner

Sphingidae / Schwärmer

Acherontia atropos, Totenkopfschwärmer
Daphnis nerii, Oleanderschwärmer
Hemaris fuciformis, Hummelschwärmer
Hyles euphorbiae, Wolfsmilchschwärmer

GEOMETROIDEA

Geometridae / Spanner

Abraxas grossulariata, Stachelbeerspanner oder Stachelbeer-Harlekin
Archiearis parthenias, Birken-Jungfernkind
Biston strataria, Pappel-Dickleibspanner
Eupithecia venosata, Geschmückter Taubenkropf-Blütenspanner
Geometra papilionaria, Grünes Blatt
Horisme aemulata, Einfarbiger Waldrebenspanner
Hydria undulata, Wellenspanner
Lythria plumularia, Alpen-Purpurspanner
Melanthia alaudaria, Alpenreben-Blattspanner
Milionia plesiobapta
Ourapteryx sambucaria, Nachtschwalbenschwanz
Phaselia algiricaria
Problepsis ocellata, Olivenspanner
Scopula decorata, Sandthymian-Kleinspanner
Selenia lunularia, Mondspanner

Uraniidae / Uraniafalter

Urania leilus

NOCTUOIDEA

Notodontidae / Zahnspinner und Prozessions-spinner

Cerura erminea, Weißer Gabelschwanz oder Hermelinspinner
Thaumetopoea herculeana
Thaumetopoea pinivora, Kiefern-Prozessionsspinner

Erebidae / Ordensbänder, Trägspinner, Bärenspinner und Spannereulen

Lymantriinae / Trägspinner, Schadspinner

Albarracina warionis subsp. *korbi*
Albarracina warionis subsp. *warionis*
Calliteara abietis, Tannen-Streckfuß
Orgyia dubia
Orgyia recens, Eckfleck-Bürstenspinner

Arctiinae / Bärenspinner

Amata phegea, Weißfleck-Widderchen
Anaxita decorata
Arctia alpina, Arktischer Bär
Arctia caja, Brauner Bär
Arctia villica, Schwarzer Bär
Callimorpha dominula, Schönbär
Chelis maculosa, Schwarzgefleckter Bär
Diacrisia purpurata, Purpurbär
Eilema lutarella, Dunkelstirniges Flechtenbärchen oder Trockenwiesen-Flechtenbär

Miltochrista miniata, Rosen-Flechtenbärchen
Pararctia lapponica, Lappländischer Bär
Pyrrharctia isabella, Gebänderter Wollbär
Spilarctia lutea, Gelber Fleckleibbär

Ctenuchina

Antichloris viridis
Belemia rhebus
Cosmosoma sectinota
Dinia eagrus
Horama diffissa
Horama grotei
Horama oedippus
Horama pantahlon
Horama pennipes
Horama plumipes
Horama pretus
Horama zapata
Macrocneme chrysitis
Orcynia calcarata
Pseudocharis minima
Uranophora eucyane

Boletobiinae

Eublemma purpurina, Purpureulchen

Herminiinae

Idia calvaria, Pilzeule oder Dunkelbraune Spannereule

Erebinae

Catephia alchymista, Weißes Ordensband
Catocala lupina, Östlicher Weidenkarmin
Euclidia mi, Scheck-Tageule

Nolidae / Graueulchen, Kahnspinner und Wicklereulen

Bena bicolorana, Großer Kahnspinner, Eichen- oder Große Kahneule
Nycteola degenerana, Motteneule oder Salweiden-Wicklereulchen

Noctuidae / Eulenfalter, Eulen [z. T.]

Bryophilinae

Cryphia algae, Dunkelgrüne Flechteneule

Cuculliinae

Cucullia argentea, Silbermönch

Heliothinae

Periphanes delphinii, Rittersporneule

Plusiinae

Lamprotes c-aureum, Wiesenrauten-Goldeule
Plusia festucae, Röhricht-Goldeule
Polychrysia moneta, Eisenhut-Goldeule

Pantheinae

Trichosea ludifica, Gelber Hermelin

Condicinae

Hadjina wichti

Xyleninae

Griposia aprilina, Aprileule
Gortyna borelii, Haarstrangwurzeleule oder Haarstrangeule
Mormo maura, Schwarzes Ordensband
Nonagria typhae, Rohrkolbeneule
Oxytripia orbiculosa
Staurophora celsia, Malachiteule
Tiliacea aurago, Rotbuchen-Gelbeule

Oncocnemidinae

Sympistis heliophila
Sympistis nigrita, Alpen-Silberwurzeule

Hadeninae

Anarta melanopa, Alpen-Blättereule
Anarta myrtilli, Heidekraut-Bunteule oder Heidekrauteulchen
Coranarta cordigera, Moor-Bunteule
Enterpia laudeti
Hadena albimacula, Weißgefleckte Nelkeneule
Hadena bicruris, Lichtnelkeneule oder Gemeine Kapseleule
Hadena compta, Weißbinden-Nelkeneule
Hadena confusa, Marmorierte Nelkeneule
Hadena luteocincta
Hadena magnolii, Südliche Nelkeneule
Hadena perplexa, Leimkraut-Nelkeneule
Lasionycta secedens
Polia lamuta
Polia richardsoni, Richardsons Eule

Noctuinae

Agrotis sabine
Euxoa lidia, Schwärzliche Erdeule
Noctua orbona, Kleine oder Schmalflügelige Bandeule
Xestia borealis, Borealiseule

REGISTER DER PFLANZEN- UND FALTERARTEN